THE HAPPINESS

Stop Struggling, Start Li

（2nd Edition）

幸福的陷阱

（原书第2版）

[澳] 路斯·哈里斯（Russ Harris） 著

邓竹箐 祝卓宏 译

机械工业出版社
CHINA MACHINE PRESS

图书在版编目（CIP）数据

幸福的陷阱：原书第 2 版 /（澳）路斯·哈里斯（Russ Harris）著；邓竹箐，祝卓宏译 . —北京：机械工业出版社，2023.9（2025.6 重印）

书名原文：The Happiness Trap: Stop Struggling, Start Living (2nd Edition)

ISBN 978-7-111-73546-5

Ⅰ. ①幸… Ⅱ. ①路… ②邓… ③祝… Ⅲ. ①幸福 – 通俗读物 Ⅳ. ① B82-49

中国国家版本馆 CIP 数据核字（2023）第 135581 号

机械工业出版社（北京市百万庄大街 22 号　邮政编码 100037）
策划编辑：刘利英　　　　　责任编辑：刘利英
责任校对：韩佳欣　张　征　责任印制：李　昂
涿州市京南印刷厂印刷
2025 年 6 月第 1 版第 5 次印刷
170mm×230mm · 18 印张 · 265 千字
标准书号：ISBN 978-7-111-73546-5
定价：69.00 元

电话服务　　　　　　　　　网络服务

客服电话：010-88361066　　机 工 官 网：www.cmpbook.com
　　　　　010-88379833　　机 工 官 博：weibo.com/cmp1952
　　　　　010-68326294　　金 　书 　网：www.golden-book.com
封底无防伪标均为盗版　　机工教育服务网：www.cmpedu.com

献给我的兄弟姐妹：

阿德里安、达雷尔、尤拉妮和欧汀，

有句老话说：家庭如同开枝散叶。

尽管我们朝着不同的方向成长，但我们同根同源。

感谢你们为我的生活注入的一切爱、喜悦、善意和欢笑。

The
Happiness
Trap

第 2 版有何
新颖之处

当我准备开始写这本书的第 2 版时（距离第 1 版已过去 16 年），我本以为可以很快完成，只做一些微小的调整就行。但是，我很快发现这本书需要从头到尾彻底"翻新"。最终完成这项任务时，我很惊讶地发现有超过一半的全新内容！我认为，这些新内容正好反映了我过去多年在思考、谈论和实践 ACT 方面发生的巨大变化。

在这些变化中，我增加了大量崭新的工具、技巧和练习；提供了有关情绪的本质和目的（以及如何改善麻木情绪）的新信息；设立了很多新的主题和章节，包括如何打破坏习惯、克服拖延、停止惊恐发作、阻断担忧和思维反刍、处理价值冲突和两难困境、疗愈讨好型人格和完美主义；还为遭受创伤之苦的人提供了实用知识，并且补充了有关自我关怀的很多重要理念和方法。

此外，我还删除了大量的冗余信息和专业术语。因此，如果你喜欢第 1 版，我希望并且相信你能从这一版中看到更多内容。

祝你阅读愉快，深深祝福你一切顺利。

路斯·哈里斯

目 录

第三部分　如何让生活富有意义

第一部分

为何幸福那么难

The
Happiness
Trap

第 1 章　人生艰难

生而为人，伤痕累累。在短暂逗留于这个星球的时光里，我们都将经历很多神奇、美妙和欢乐的感觉，也会体验很多焦虑、恐惧和绝望的感受。我们都将体会爱、联结和友情的"高峰"时刻，也会有了然孤独、被拒绝和丧失的"低谷"时分。我们都将品味成功、胜利和成就的喜悦，也会承受失败、挫败和失望的痛苦。

换言之，人生艰难。只要活得足够长，我们就必然经历各种伤痛、压力和苦难。问题在于，绝大多数人都不知道如何有效地应对这种现实。我们对幸福孜孜以求，却通常无功而返；即便有所斩获，往往也转瞬即逝，徒增不满和渴求。

那么，为何幸福那么难？我很高兴你这么问。本书的写作基于大量的科学研究，这些研究表明：我们都很容易陷入一种危害巨大的心理陷阱。我们终其一生都执着于很多关于幸福的无益观念，而这些观念广为流传，理由是"每个人都信以为真"。同时，这些观念似乎挺有道理，正因如此，我们会从浩如烟海的自助书籍和文章中反复读到它们。但不幸的是，这些误导性的观念很容易引发一种恶性循环，深陷其中的人们越是竭力追求幸福，就越是苦不堪言。而且，这种心理陷阱往往深藏不露，我们常常会浑然不觉地跌落其中。

以上正是这种心理陷阱对我们十分不利的方面。

同时，有利的方面就是，我们完全有望挣脱这种心理陷阱。我们可以学习如何快速发现自己正受困于这种"幸福的陷阱"，同时，更重要的是学习如何跳出陷阱。本书将为你提供相应的知识和技能。我们使用的是接纳承诺疗法（acceptance and commitment，ACT），目前有超过 3000 项公开发表的科学研究证实了该方法的有效性。

ACT（读作单词"act"）由美国心理学家史蒂文·C. 海斯（Steven C. Hayes）和他的同事凯利·威尔逊（Kelly Wilson）及柯克·斯特罗萨尔（Kirk Strosahl）在 20 世纪 80 年代中期开发。从那时起，ACT 就在全球广泛传播。时至今日，已经有数十万的心理学家、治疗师、咨询师、教练和医生在数十个国家从事 ACT 实践，这些国家包括美国、英国、乌干达、印度、印度尼西亚和伊朗等。⊖

ACT 越来越受欢迎的一个原因是，它在帮助人们应对各种问题时有着惊人的效果。我之前提到的 3000 项科学研究涵盖了抑郁、成瘾、焦虑障碍、精神病性障碍、慢性疼痛和创伤。而且，ACT 不仅局限于治疗心理障碍，它还能够帮助人们更好地适应慢性疾病和残障失能；支持人们在面临长期且严重的健康问题时创造有意义、有收获的生活。最重要的是，ACT 在军队、紧急服务部门、政府部门、专业运动队、奥运会运动员、企业、医院和学校都有着广泛应用，它旨在帮助人们增进健康和幸福、减轻压力、提升表现力和复原力。

最后一点也很重要，我们都知道饮食健康、定期锻炼和培育良好人际关系的重要性——它们是健康、幸福和美好状态的基石。但是，真正能够长期坚持这些行动的人又有多少？知易行难，人皆如此。幸运的是，ACT

⊖ 也包括中国。——译者注

为我们打破旧习、克服拖延、自我激励并保持健康的新行为提供了工具和策略，还能帮助我们在生活中改善人际关系。很快，我们就会了解 ACT 是如何实现这一切的，但首先需要考虑的是何为幸福。

幸福是不是人生的常态

生活是不公平的。有的人经历了恐怖的童年，遭到照顾者的虐待、忽视或抛弃；也有的人在充满爱意和支持的家庭环境中成长起来。有的人生活在极度贫困或是暴力犯罪肆虐的地区，或是生活在战争地区、监狱、难民营；也有的人生活在条件优越、设施便利的环境中。有的人身染沉疴、身受重伤或是残障失能；也有的人身体很健康。有的人很容易获得优质的食物、教育、司法资源、医疗资源、福利、旅游服务、娱乐服务和就业机会；也有的人被剥夺了大部分甚至全部这些机会。还有的人仅仅是因为肤色、宗教、性别、政治或性取向，就长期遭到歧视，甚至迫害。在这个世界上的所有国家，每个社会中最没有权利的阶层和最有特权的阶层之间都存在着巨大的鸿沟。然而，这条鸿沟两边的人们却都是人类同胞，因而有很多共同点，比如这个共通的事实：无论我们属于特权阶层还是弱势群体，我们都很难幸免于心理折磨。

逛书店时，你会发现自助书籍区域一直在扩张，书的内容更是包罗万象，涵盖抑郁、焦虑、愤怒、离婚、人际关系、成瘾、创伤、低自尊、孤独、悲伤、压力和自卑；只要能说出名称，总有一本书等着你。同时，在过去的每一年中，心理学家、教练、咨询师和治疗师的数量都在与日俱增——医生的开药量也在增加。广播电视、报纸期刊、播客和社交媒体上也充斥着各路"专家"关于改善生活的喋喋不休的建议。但是，即便有了所有这些支持和建议，人类的痛苦却有增无减！

统计数据触目惊心，世界卫生组织（WHO）指出，抑郁症是全球患病人数最多、医疗花费最高和最令人虚弱的疾病之一。在过去的每一年，都有 1/10 的成年人罹患临床抑郁症，1/5 的成年人在生命中的某个时刻饱受抑郁之苦，还有超过 1/3 的成年人在某个人生阶段罹患焦虑障碍。而且，有 1/4 的成年人会在某个人生阶段酗酒。(仅在美国，目前就有超过 1400 万人酗酒！)

所有这些数据中最令人震惊的是：每两人就有一人在生命中的某个时刻认真考虑自杀，而且会用两周或更长的时间和自杀观念展开搏斗。更可怕的是，每十人就有一人尝试自杀！(幸好只有极少数人自杀成功。)

请花时间思考这些数据，想想你的家人、朋友和同事中几乎有一半人在生命中的某个阶段完全被痛苦吞噬，以至于认真考虑自杀——其中有十分之一的人真的尝试了！

然后，让我们来看看所有那些不算"心理障碍"却令人十分痛苦的情况：工作压力、业绩焦虑、孤独、关系冲突、疾病、离婚、丧亲、身体受伤、衰老、贫穷、种族歧视、性别歧视、霸凌、存在性焦虑、自我怀疑、不安全感、害怕失败、完美主义、低自尊、"中年危机"、"替身综合征"、嫉妒、对丧失的恐惧、缺乏人生方向等，这些情况真是不胜枚举。

显然，持续的幸福并不是人生常态！这自然引发了一个问题：幸福为何这么难？

幸福为何这么难

为觅得答案，我们需要回溯到 30 万年前。对石器时代的人类祖先来说，生活相当危险，他们每天都要面对恶狼、剑齿虎、长毛猛犸象、敌对部族、恶劣天气、食物短缺和洞穴熊的出没，这些还只是环境中的一小部分危险。于是，石器时代的人类祖先想要生存，他们的头脑就需要不断搜寻有可能对自己身心造成伤害的一切事物！如果头脑不擅此道……他们可能会在年少时就死去。因此，我们的祖先越是擅长预见和回避危险，就越能活得长久，并且繁衍更多的后代。

在一代又一代的传承中，人类的头脑变得越来越善于注意、预测和回避危险。所以在 30 万年后的今天，我们的现代头脑才会持续关注、评估和判断遇到的每件事：它是好还是坏？是安全还是危险？是有害还是有益？但是，时至今日，我们的头脑接到的报警已经不再是来自豺狼虎豹，而是有关失业、被拒绝、超速罚单、当众出丑、罹患癌症以及无数其他的麻烦事。结果，我们经常杞人忧天，很难放宽心。

远古人类想要生存，还要满足一项至关重要的条件，就是必须从属某个集体。人类祖先非常清楚这一点，如果你遭到所在部落的驱逐，恶狼很快就会找上你。那么，我们的头脑如何保护我们不被集体排斥？正是通过不断将自己和部落的其他成员进行比较：我这么做合适吗？我这么做正确吗？我是否做出了足够大的贡献？我做得是否和别人一样好？我做了什么事可能让我遭到排挤？

这些是不是听起来很耳熟？我们的头脑一直在向我们发送有关被拒绝的警告，还会将我们和社会中的其他人进行比较。难怪我们花费那么多精力担心自己是否被人喜欢！难怪我们的自我评价忽高忽低，因为不能符合某个标准而自我贬低。随便翻看报刊、打开电视或社交媒体，我们就会立刻发现一大群看起来比自己更加聪明、富有、苗条、性感、有名、有权或更成功的人。然后，我们就将自己和媒体制造出的这些富有魅力的人物做比较，感觉自己低人一等，对自己深表失望。更有甚者，头脑还能凭空想象出一个自己希望成为的完美人物，然后将真实的自己和那个无法企及的标准形象进行比较！我们又何尝有半分胜算？每一次都会以深受挫败来收场！

而且，几乎在全世界和不同历史时期的人类社会中，人们普遍信奉的成功之道就是：赢得更多，变得更好！你的武器越先进，就能捕杀更多猎物；你的食物储备越充足，就越能在食物短缺时幸存；你的藏身之处越牢靠，就越能远离危险和确保安全；你的子孙后代越多，他们长大成人的概率就越大。难怪我们的头脑孜孜以求"更多和更好"：更多的钱，更好的工作，更高的地位，更棒的身体，更多的爱和更好的伴侣。一旦如愿以偿，拥有更多的钱、豪车和更好的工作，我们确实会感到满足，但这种满足不过是在须臾之间。迟早（通常很快），我们会继续新一轮的追逐：赢得更多，变得更好！

总而言之，我们全都必然遭受心理痛苦：比较、评估和批评自己；关注自己缺乏的东西；迅速厌倦得到的一切；想象在现实中绝大多数不会发生的各种可怕情景。这样看来，幸福这么难就不足为奇了！

雪上加霜的是，很多有关幸福的"常识"都是不准确的、有误导的或者是错误的，如果你深信这些观念，必然会陷入痛苦和悲惨的境地。下面，让我们看看最常见的两种关于幸福的迷思。

迷思 1：幸福是我们的自然状态

很多人认为幸福是"我们的自然状态"，但上面提到的统计数据已经非常清晰地表明事实绝非如此。人类的自然状态是体验一种持续变化的情绪流——有快乐亦有痛苦——这种变化取决于一天中你所处的地点、你所做的事情和发生的事情。我们的情感、情绪和身体感受如同天气一般，时刻都在变化。我们不能指望一年四季每时每刻都阳光普照、和煦温暖，所以也不能期待自己一整天都感到幸福和快乐。如果我们过的是完整的生活，就将体验生而为人的全部情绪：既有爱、欢乐和好奇这些愉快的情绪，也有悲伤、愤怒和恐惧这些痛苦的情绪。一切情绪都是生而为人最正常和自然的组成部分。

迷思 2：如果不幸福，就是有缺陷

根据迷思 1 的逻辑，西方社会普遍将心理痛苦视为异常。心理痛苦被看成弱点或疾病，表明头脑出错了或是有缺陷。一方面，我们不可避免地会体验到痛苦的想法和感觉；另一方面，我们又会经常为此感到羞愧和尴尬，批评自己软弱、愚蠢或是不够成熟。

ACT 则是基于一种截然不同的假设：如果你不幸福，你就是正常的。我们需要面对现实：生活艰难，充满挑战；一直觉得幸福才很奇怪。生活中有很多事情让我们感到有意义，但随之而来的是各种各样的丰富情绪体验——喜忧参半。以亲密关系为例，关系进展顺利时，我们会有爱和欢乐的美妙感觉。但我们迟早会遇到冲突，会感到失望和沮丧，即便是最好的关系也概莫能外。（"完美"的关系并不存在。）

我们要做的一切富有意义的事情都遵循同样的规律，无论是开创事业、养育子女还是健身塑形。尽管这些有意义的事常常令人兴奋和热情，但它们也不可避免地会引发压力和焦虑。因此，如果人们认同了迷思2，就会面临大麻烦，因为假如你对一些不适感的出现毫无心理准备，那你肯定难以创造一种更加美好的生活。（好消息是，你很快将学会如何用全新的方式回应不适感，从而减轻它们对你的冲击和支配。）

"幸福"究竟为何物

芸芸众生都渴望幸福、追寻幸福，都在为幸福而奋斗。然而，"幸福"究竟为何物？如果你向大多数人询问这个问题，他们很可能回答说，"幸福就是感觉良好"：那是一种愉快、高兴或满意的感觉。古希腊人有一个专门的词，形容那种追求幸福感的生活："希德蒙尼娅"（hedemonia），这正是"享乐主义"（hedonism）这个词的来源。我们都很享受快乐的感觉，寻欢作乐毫不为奇。但是，这种幸福的感觉和人类的所有情绪一样，都会稍纵即逝、来而复去，无论如何竭力抓取，我们都很难让这些幸福的感觉绵延不断。我们会发现，终其一生追寻"感觉良好"，长期下来反而令人深感不满。事实上，研究表明，我们越是竭力追逐快乐和回避不适感，就越可能遭受焦虑和抑郁之苦。

不过，"幸福"还有另一种迥然不同的含义，它是指"一种丰富、充实和有意义的生活体验"。一旦我们澄清了生活立场并开启相应的行动——用我们真正渴望成为的理想自我的方式行动，投入我们深以为然的重要之事，朝我们认为值得的方向前进——那么，我们就能为生活"注入"某种意义和使命，我们会感觉到自己活得深刻而富有意义。这种感觉不会转瞬即逝，我们会强烈地感觉到自己在好好生活！古希腊语用"幸福"（eudemonia）这个词描述这种体验，这个词现在常被译作"繁盛"或

"心花怒放"（flourishing）。这样生活时，我们肯定有很多愉快的感觉，同时也会有很多悲伤、焦虑和内疚之类的困难感觉（正如我提到的，如果我们过着完整的生活，就将经历生而为人的全部情绪）。

你肯定猜到这本书选择的是"幸福"的第二种含义，而不是第一种。当然，我们所有人都想要"感觉良好"，也完全可以充分享受生活中的美好感觉。但是，如果想要一直"感觉良好"，我们就注定会失败。

真相是：人生艰难。我们无法逃避这个现实。你我迟早都会日渐虚弱、经历生老病死；迟早都会因遭到拒绝、与爱的人分离或死亡而丧失重要关系；我们迟早都会面临危机、深感绝望和落入惨败。换言之，无论是上述哪种情况，我们终将体验大量的痛苦想法和感觉。

好消息在于，尽管无法回避这些痛苦，我们却能学习如何更好地应对痛苦——从中"脱钩"，超越痛苦，创造一种值得过的生活。本书将会教你一些简单有效的技能，帮助你迅速削弱痛苦的想法、感觉、情绪、身体感受和回忆带来的冲击。你将学会如何耗尽它们的力量，让它们无法再阻止或击溃你；你也将学会如何允许它们自由来去而不被卷走；你还将学会如何创造一种丰富而有意义的生活——无论你经历过什么，也无论你面临着什么——如此一来，你就能产生一种深刻的活力感和满足感。

请暂停片刻，留意你的头脑对于上述说法的反应。

你的头脑反应是积极、热情、兴奋、充满希望和乐观的吗？如果是的话，就请享受这种状态，但不要执着，因为，我们稍后就会发现，执着于愉快的想法和感觉将会制造各种问题。

或许你的头脑对我的这些说法持有怀疑或悲观的态度，比如它会说"这些对我没用"或是"我不相信，纯属胡扯"。如果是这样，你就需要承认这些想法的出现是很自然的；这说明你的头脑正在正常运转，它试图保护你，让你远离可能令你不适和痛苦的事。这是怎么回事？试想你投入大量的时间、努力和精力阅读这本书，并在生活中实践，结果发现根本没用，那你肯定会感到十分痛苦，是不是？所以，你的头脑为了尽力帮你避免这种痛苦，才会不断和你说上面的话。在阅读本书的过程中，你最好能有心理准备，头脑将会花样百出地继续为你"保驾护航"。因此，我希望你在面临这种情况时能想起以下两点：

（1）这种情况完全正常，所有人的头脑都会这么做。

（2）你的头脑并不是想给你添堵，它只是在尽力为你"保驾护航"，想要帮你避免一些痛苦。

前方之旅

阅读本书如同开启一段异国之旅：沿途有很多新奇的风物，也有似曾相识却又有微妙不同的景色。你有时会感觉很有挑战、应接不暇，也有时会觉得莫名激动、兴味盎然。我建议你从容地投入旅程，而不是迫不及待向前冲，别忘了，尽情享受才最美妙。当你发现新鲜刺激、非同寻常的风景时，不妨暂停片刻，深入探索，从中学习，多多益善。毕竟，创造值得过的生活是一项重要的事业，请你从容不迫地体验这趟旅程。

第 2 章　选择点

你想过为什么我们被称为"人"(human beings)吗？我认为我们被称为"做事的人"(human doings)才更恰当。因为无论是吃饭、喝水、烹饪、清洁、说话、散步、玩耍还是阅读，其实我们都在做事（即使仅仅在睡觉）。

有时，我们做的事有助于我们实现理想的生活，我们称这些事为"趋向行动"(towards moves)；有时，我们做的事会导致我们偏离理想的生活，我们称这些事为"偏离行动"(away moves)。

图 2-1 说明了这一点。

图　2-1

趋向行动

当我们按照理想自我去行动，有效地应对面临的挑战，做一些在长期内有利于生活的事时，我们的行动就是"趋向行动"。"趋向行动"包括：和所爱的人共度美好时光，保持身材和维护身体健康，关心和善待他人，满足兴趣爱好，娱乐，运动，放松，发挥创造力，投身大自然，积极为所在团队或社区做贡献，或是投身一些个人成长类的活动（比如阅读本书）。

就"趋向行动"的清单而言，并不存在什么是"对的""正确的"或"最佳的"，每个人都要自主决定清单涉及的具体行动。总的来说，"趋向行动"是指你在当下的一言一行，它们无论多么微不足道，都应该对生活有利，或是能令你的生活更加丰富、充实和有意义。本书的一个主旨就是帮助你更多投身这类行动。

偏离行动

当我们没有按照理想自我去行动，所作所为在长期内令自己陷入困境或是让生活更糟糕时，这些做法就是"偏离行动"。"偏离行动"包括：疏远所爱的人或事，回避锻炼身体，允许有害物质进入身体，发脾气，攻击他人或是表现得不友善，拖延真正重要的任务，等等。"偏离行动"也包括我们在"头脑里"做的事（专业名词是"认知"），比如担忧、思维反刍、纠结和过度分析。（"思维反刍"是指我们深陷其中、郁闷纠结和反复思虑某些事。）

换句话说，"偏离行动"是指让我们的生活变得更糟的一言一行，会让我们陷入困境不能自拔、越来越差、成长受阻，破坏我们的人际关系，还可能在长期内损害我们的健康和幸福。我们最好减少或停止做这些事——本书的另一项主旨就是帮助你最大限度减少这类行动。

与"趋向行动"类似，也不存在关于"偏离行动"的官方清单，我们需要自行决定哪些行动属于"偏离行动"。例如，如果一个人笃信自己的宗教，而该宗教禁止信徒喝酒，此人就可能将饮酒视为一种"偏离行动"；但是，假设另外一个人是专业品酒师，他可能将饮酒视为一种"趋向行动"。就我个人而言，适量饮酒（每周喝 2 ～ 3 杯）就是"趋向行动"，但一晚上喝光一整瓶就变成了"偏离行动"。不过，你对这个"度"的把握可能和我完全不同。

非常重要的一点

接下来要谈的这一点非常重要，我甚至都想把它做成文身文在我的额头上（使用红色大写字母），那就是：

每种行动都可以作为"趋向行动"或"偏离行动"，具体要视情境而定。

具体来说，假设我正待在床上，一直按着闹钟上"小睡"的按钮，主要是为了回避处理一些真正重要的任务，这么做对我来说就是"偏离行动"，但这对别人来说很可能是"趋向行动"。但是，假如是在假期，我再多睡会儿，享受一番赖床的快乐，那对我来说就是"趋向行动"，但对别人来说可能就不是"趋向行动"。有些人很喜欢在假期"黎明即起"，去跑步或是做瑜伽，他们觉得睡觉是浪费光阴（我不太确定这些人来自哪个星球，他们声称自己是地球人，反正我不相信）。

同样，如果我上班时间坐在办公室，在脑海中排练一次演讲，准备我的工作坊或是网络研讨会，我会将这些视为"趋向行动"。但是，假如我是待在家里，我爱的人正要和我说些重要的事，我却在心里继续排练演讲，我就会心不在焉，不能真正关注我爱的人，他们会因此难过。假如是这种情况，我会将在脑海中排练演讲看成是"偏离行动"。（我需要坦白：上述例子并不只是假设，我曾经这样做过，而且不止一次。相信我，我每次这么做都算"偏离行动"！）

最后再举一个例子，设想你在最后一秒钟取消了一次社交活动。如果你是因为要处理一个紧急的医疗情况（例如，你要带一个生病的朋友去医院），我会认为你取消社交活动属于"趋向行动"。但是，假如你感到很孤独，处于社交隔离状态，养成了为回避焦虑而随时推掉社交活动的习惯，而且每次这么做都令你更加孤独，那么在这种情况下，你是因为焦虑而又一次推掉了社交活动，我估计你也会认为这么做属于"偏离行动"。

理解这个基本原则十分重要，因为它是本书全部内容的根基，专业名词是"有效性"（workability）。如果你在某种情境下的所作所为有助于你趋向理想的生活，我们就说这些行动有效（即"趋向行动"）；如果这些行动起到相反的作用，我们就说它们无效（即"偏离行动"）。而且，只有你才能真正确定行动是否对你有效。

"偏离行动"的触发因素

如果生活没有遇到太多困难，事情进展得相当顺利，我们的感觉也很好……那么，我们通常很容易选择"趋向行动"。但是，这是生活的常态吗？实际情况是，大多数人经常都会感觉到生活的艰难。我们通常很难心想事成，一直都在手忙脚乱地处理各种突如其来的麻烦和极富挑战的情况。我们总会体验到焦虑、悲伤、愤怒、孤独或内疚之类的痛苦感觉，也总是会产生无数没有帮助的想法："我不够好""我应付不了""这不公平""我是个失败者""这一切都太难了""生活糟糕透顶"，还有很多关于这些主题的变化的版本。最重要的是，我们还必须经常面对强烈的欲望和渴望、痛苦的回忆，以及无数令人不适的身体感受。在这本书中，我使用"困难的想法和感觉"这个短语来囊括所有这些令人不适的内在体验。

每当生活中出现这些困难的情境、想法和感觉，我们做出回应的方式可能是"趋向行动"，也可能是"偏离行动"，如图 2-2 所示。

不幸的是，每当出现困难的想法和感觉，我们很容易就被"钩住"——"如鱼上钩"。于是，我们经常陷入两种相互交织的情形："服从模式"和"搏斗模式"。

偏离

我做的事让我
偏离理想生活

趋向

我做的事让我
趋向理想生活

困难的情境、想法和感觉

图　2-2

"服从模式"

处于"服从模式"（OBEY mode）时，我们受到想法和感觉的主宰，任由它们支配我们全部的注意力和行动。在完全服从想法和感觉时，我们要么过度关注它们以致无法留意其他有用的事，要么完全听命于它们。我们很容易被"这毫无希望"的想法钩住，一旦服从就会放弃尝试。我们的脑海中也经常闪现一段痛苦的回忆，一旦服从就会更多地注意它，仿佛被拖回过去，从而失去和此时此地发生之事的联结。我们还会被愤怒的情绪钩住，一旦服从就会大喊大叫、出言不逊，充满攻击性。我们还可能被冲动或渴求钩住，一旦服从就可能沉溺于某种习惯或是罹患上瘾症。[⊖]

"搏斗模式"

处于"搏斗模式"（STRUGGLE mode）时，我们会主动阻止想法和感觉对我们的主宰。我们与之搏斗，竭尽所能地回避、逃离、压抑和消除想法与感觉。在"搏斗模式"下，我们有可能酗酒、吃垃圾食品、陷入拖延、离群索居，或是尝试一切能从痛苦想法和感觉中解脱片刻的方法，即便这么做对我们的健康、快乐和幸福不利。[⊜]

⊖ 在 ACT 中，"服从模式"的专业术语是"融合"（fusion）。
⊜ 在 ACT 中，"搏斗模式"的专业术语是"经验性回避"（experiential avoidance）。

钩住＋偏离＝心理痛苦

一旦被想法和感觉钩住，我们就会被它们席卷而去、肆意玩弄，被拖入"偏离行动"。事实上，我们目前了解的几乎所有心理障碍（抑郁症、焦虑障碍、成瘾、慢性疼痛、创伤、强迫症，只要你能想到的）都可以归结为这一基本过程：我们被困难的想法和感觉钩住，被拖入"偏离行动"。

换个稍许不同的说法，当我们用"服从模式"或"搏斗模式"（或者通常两者兼有）来回应想法和感觉时，就会采取自我破坏式的行动。这种方式也会导致各种"坏习惯"、生活不规律、人际关系困难、工作绩效降低、不健康的完美主义、"讨好型"人格和拖延症，以及其他各种我们在压力之下的自我破坏、自我消耗的行为模式。图 2-3 说明了这一点。

图　2-3

脱钩，向理想生活迈进

幸运的是，我们时常可以设法从困难的想法和感觉中"脱钩"，转入"趋向行动"。我们越是掌握这种能力，生活就越美好：我们的痛苦会减轻，幸福会提升。简言之，这就是本书的全部要义。

本书很大一部分工作是让你触及自身的"价值"（value）：你内心深处想要如何做人的深切渴望；你想要如何对待自己、他人和周围的世界。例如，假如你深爱某人，当你在这段关系中以理想自我行动时，你将如何对待你爱的人？我猜想（当然，我可能猜错），你希望表现得满怀爱意、心地善良、乐于助人、诚实可靠和关心体贴。如果我猜对了，这些就是你希望在行动时呈现的特质，我们称之为"价值"。

　　为了更加清晰地阐明何为价值，请你选择一个你经常扮演的重要角色，该角色涉及你和他人的互动关系（例如，朋友、合作者、父母、邻居、员工、学生或团队成员）。现在，想象你正在扮演这个角色，而我正在采访和你发生互动的人，我会询问对方关于你的情况。首先，我询问他们感觉你平时如何对待他们，你在他们痛苦挣扎和遇到难事时会说些什么和做些什么。其次，我询问他们你通常会如何待人。最后，请他们概括你在与他人互动时最明显的三项特质。

　　现在，如果奇迹发生、梦想成真，你最想听到他们给出什么答案（真心话）？请至少用两分钟思考这个问题。

　　现在，请你换一个角色来扮演，重复这项练习，再用两分钟思考并给出答案。

进展如何？如果你真的做了练习，你很可能会发现一些个人价值：你在扮演相关角色时希望呈现的行为方式。（如果你感到困惑或觉得太难，别担心，我们接下来会深入探索，目前只是浅尝辄止。）

你正在阅读本书，这个简单的事实足以表明你此刻正在遵循价值而生活。你之所以阅读，或许是因为你很关心减轻痛苦和改善生活的方法，也可能是因为你希望成为一位更好的朋友、伴侣、父母、亲戚或邻居。这都指向"关心"的价值：关心自己或关心他人，或是同时关心。

对我们来说，澄清价值非常重要，一旦澄清价值，我们就能更加充分地利用价值。我们可以将价值作为"内在的指南针"来引导生活，协助我们做出明智的选择，还可以将价值作为自我赋能和自我激励的源泉，以便更多地投入"趋向行动"。

本书的另一个重要部分就是提供"脱钩技能"，这些方法能让我们留意困难的想法、感觉、回忆或冲动，在将要被拖入"偏离行动"时迅速脱钩。越是擅长脱钩和投入"趋向行动",我们就越能提升生活品质,拥有健康、快乐和幸福。如图 2-4 所示。

图　2-4

选择点技术

图 2-4 的正式名称是"选择点"(choice point),用这个名称是因为每当我们在生活中面临困难的情境和痛苦的想法、感觉时,我们都面临一种"可能"的选择。在回应发生的事情时,我们可以选择一种有效的、有利生活的行动方式(即"趋向行动"),也可以选择一种无效的、损害生活的行动方式(即"偏离行动")。但请留意"可能"这个词,唯有很好地掌握各种脱钩技能,我们才能真正拥有选择权;如果不具备这些技能,我们就别无选择,毕竟人类的"默认设置"就是被钩住和被拖入"偏离行动"(这一切通常在我们还没发现之前就已发生,发现了为时已晚)。总的来说,我们越是不善于脱钩,就越是别无选择,只能受到想法和感觉的主宰,任凭它们掌控和支配我们的行动。

"选择点"技术最早是由我与乔·西阿若奇(Joe Ciarrochi)和安·贝利(Ann Bailey)两位同事共同开发的,旨在简化 ACT 模型,本书通篇都使用"选择点"的理念。我很快就会邀请你填写一张选择点图示,立足当下生活填写即可,用于指导你接下来的生活。不过,我们首先需要了解的是,有助于你从本书中获得最大收获的三个策略。

将一切当成实验

在本书中，我会邀请你尝试很多我希望对你有用的工具、技术和策略。不过，并不存在普遍适用的方法，你的每一次尝试都是一个实验：你永远不能确定接下来会发生什么。因此，在尝试每一个实验时，都请怀着一种开放和好奇的态度，真正注意你的体验。如果某个实验的效果如预期中一样有用，自然皆大欢喜；如果某次尝试并无帮助，你就可以考虑调整练习以适应你的意图，也可以搁置，继续往下读。

换言之，请不要因为我说某些方法有用，你就照单全收，而是要信任你自己的体验。你总是能从这本书中取用适合的内容，舍弃不适的部分。

预料到头脑的干扰

每当我邀请你做一些将你带离舒适区的事情时，你的头脑很可能会抗议。我们的头脑里仿佛装着一台"找理由机器"，每当我们想做一些可能会让自己不适的事时，这台机器就开工了，负责生产关于我们做不到、不能做和不必做的所有理由："这个方法对我无效""这么做很愚蠢""我做不到""我没时间""我没精力""我没心情""我以后会做""我太焦虑了""我太抑郁了""我不想给自己找麻烦"，等等。

有时，头脑想出的理由建立在苛刻的自我评判上："我太愚蠢／软弱／懒惰了，所以做不到""我只会把事情搞砸""我并不值得过更好的生活"；有时，这些理由的底色是焦虑的情绪："我做错了怎么办""别人不高兴怎么办""我出丑了怎么办"；有时，这些理由是出于过往经验："我之前试过，失败了"；还有时，这些理由受到感觉的影响："我没心情""我不想麻烦""我不喜欢"。

无论你的"找理由机器"拿出什么理由，都请记得上一章说的：这些基本说明你的头脑正在为你"保驾护航"，帮你避免可能的不适想法和感觉。因此，每当那些理由又跳出来试图说服你跳过实验环节时，你都面临一个"选择点"。

选择 1：让你的头脑支配你，说服你不再做这个实验。

选择 2：让你的头脑畅所欲言，你不用买账，就当它是一台喋喋不休播放背景音的录音机，不管它，继续做实验。

（如果你读过很多自助书籍，或许会惊讶我为什么没有提出第 3 个选择：和头脑辩论，挑战那些"消极想法"，推开它们并用"积极想法"取而代之。嗯，我们使用 ACT 时不会这么做，之后的章节会探讨原因。简言之，这种做法大多无效。）

关键在练习

一位新的来访者走进我的咨询室，手里紧抓着《幸福的陷阱》第 1 版那本书。她坐到沙发上，把书扔到茶几上，不满地说："我读过这本书！根本没用！"

"我知道了，"我颇为吃惊，继续问她，"那你读书时有没有完成书中的所有练习？"

她望着我，不好意思地回答："没有。"

"好吧，"我说，"难怪你觉得没用。"

如果我们想要熟练掌握一种新技能（弹吉他、开车、做日本料理），就需要练习。我们不可能只通过阅读相关书籍就学会这些技能。阅读当然可以让我们获得有关新技能的思路，理解其中的要点，参考一些如何发展新技能的建议，但仅凭阅读并不能让我们真正掌握这些技能。即使读了上万本关于弹吉他、开车或烹饪的书，也不等于具备这些技能；我们真正需要做的是拿起吉他弹奏、开车上路，或是下厨房感受锅碗瓢盆的协奏曲。学习心理技能也是同样的道理，你真正需要的是投身本书的所有练习，仅是阅读如何脱钩无法真正掌握脱钩，你需要切实投身实验并反复练习。

完成"选择点"图示

现在，我们要完成"选择点"图示。准备一张纸，画出一个选择点图示（很简单，从一个中心点画两个发散的直线箭头）。

在你画出之后，请根据下面的提示填写你的"选择点"图示。（如果你现在不方便，不妨先花几分钟考虑怎么写。）本章结尾有一个完整示例（见图 2-5），如果你填写时感到困难，不妨跳到那里参考。

A 组块：钩住你的是什么

（1）在"选择点"图示的最下方，写下你目前面临的 4 ～ 5 个最困难的生活情境（例如，工作问题、医疗问题、人际关系问题、遭到霸凌或拒绝、受到偏见或歧视、经济问题、缺少朋友、失去亲人）。

（2）在下面继续写下你容易反复出现的困难情绪（例如，悲伤、焦虑、内疚、孤独、愤怒）和痛苦的身体感受（例如，胸闷、胃绞痛、心跳加速、麻木感或空虚感）。

（3）写下你正在与之搏斗的那些冲动（例如，吸烟、饮酒、赌博或大喊大叫的冲动）。

（4）写下经常出现的无益想法，尤其是自我评判的想法（例如，"我很愚蠢""我处理不了""我总是把事情搞砸""我是个失败者"）和信念（例如，"做事必须尽善尽美""必须一直取悦他人""我的生活永远不会变好"）、一些负面的预测（"我会失败""我会生病""他们会拒绝我"），还可以写下一些相关的、反复出现的痛苦回忆。

在阅读这本书的过程中，你将学到各种各样的脱钩技能，它们能够帮助你减轻困难的想法和感觉带来的冲击，那些想法和情绪将很难再欺骗、阻碍或是击垮你；你会学到如何让想法和感觉"流经"你，而不被它们卷走；你还将学会如何在自身价值的引导下投入有效行动，改善困难的生活情境。（如果离开是更好的选择，那就"走为上计"。）

B 组块：你的"偏离行动"是什么

请在"选择点"图示左边的箭头旁，记录你处于"服从模式"或"搏斗模式"时经常采取的"偏离行动"（用来应对你写在底部的那些想法和感觉的方法）。"偏离行动"通常都有身体的参与（例如，过度食用垃圾食品，对所爱的人大喊大叫，看太长时间的电视，躲进卧室闭门不出，过度饮酒）。不过，"偏离行动"也包括你在脑海中干的事（专业术语是"认知过程"），比如担忧、纠结和思维反刍。

因此，你可以将出现的每一个想法都记录在"选择点"图示的最下方，比如"我就要失败了"，这些想法就这样突然冒出来，你对此无能为力。如果你对冒出的想法自动反应，就会开始陷入担忧、纠结和思维反刍，那么你可以把这些认知过程列入"偏离行动"那栏。

请记住，"偏离行动"是你个人认为对你没有用的行动，它们让你偏离理想生活和理想自我，这些完全是从你的个人视角出发而非从他人视角出发做出的判断。

也请记住，"偏离行动"是指你实际做的事，而不是你的感觉。因此，情绪、感觉、身体感受和冲动都不属于"偏离行动"，它们通常出现在"选择点"图示的底部，而不是在"偏离行动"箭头旁边。在"选择点"图示的底部，记录着你的心理反应和身体反应，而"偏离行动"是你为应对这些心身反应采取的无效行动。

C 组块：你的"趋向行动"是什么

无论生活多么艰难，无论被想法和情绪钩住得多么严重，也无论有多少"偏离行动"……有一件事可以肯定：你有时会有一些"趋向行动"（比如阅读这本书）。因此，请在右侧箭头旁记录你目前的"趋向行动"（例如，阅读《幸福的陷阱》）。

然后，继续写下你希望开启的"趋向行动"（确保包括"学习脱钩技能"），还可以写下你希望追求的目标、采取的行动和奉行的价值。请注意："趋向行动"是指你希望做的事情，而不是希望拥有的感觉。所以，这一栏并不适合填写"感觉很放松"或是"感觉很快乐"，而是需要具体写下你在希望自己有这些感觉时会做什么不同的事情。

如果你在练习时遇到困难，请尝试以下做法：

- 仔细探索一种"偏离行动"，问自己："我希望做什么来代替这种行为？"
- 回顾你在上一个练习中选择的两个价值角色，思考如果你进入并维持这些角色，将会怎么做？你可以将得到的答案作为给自己的建议。
- 回想我在上一章提到的有关健康和幸福的三大基石：锻炼身体、健康饮食和建立稳固的人际关系。你希望在这三个领域开始做什么或是继续做什么？

如果你发现自己可以轻松填写"趋向行动"箭头那一侧的内容，那真的很好。但如果你感觉很困难或无法完成，请放心，这完全正常。大多数人在开始时都会感觉完成这些工作很有挑战性，因此，如果你在"趋向行动"箭头那一侧什么都没写或是写得很少，那也完全没有问题，简单承认你目前想不出能做什么让生活更有意义的事情就行。这种情况很快就会发生变化！我会在之后的章节带领你做一些练习来填补这些空白。

前方的路

至此，你对本书多少有了一些了解，请花些时间留意你的头脑在说什么。它是热情洋溢（"让我们开始吧"），是深表怀疑（"这家伙也就这点水平"）和担忧（"这些工作听起来好像很难"），还是觉得不太可能（"我不认为这对我有用"）？抑或是说，头脑只是保持沉默？

无论你的头脑说些什么，如实承认就行。

如果它说些让你坚持的话，那挺好，头脑有时会给我们很多帮助和鼓励，我们要心存感激。

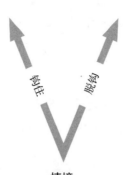

偏离
酗酒，
在电视机前消磨几小时，
回避社交活动，
回避身体锻炼，
吃垃圾食品，
周末大部分时间赖床，
训斥他人，
回避联系好友，
购买一些不必要的物品，
过度担心，
过度使用社交媒体，
忽略我的小狗

趋向
阅读《幸福的陷阱》，
学习脱钩技能，
以自我照料、关爱、宽容
作为价值来引导生活，
适度适量饮酒，
骑自行车、去健身房，
约见朋友，
保持饮食健康，
与朋友和解，
约见生涯顾问，
做好预算，
投身大自然，
阅读好书，
发现新的音乐，
好好陪伴小狗

钩住　脱钩

情境
和最好的朋友发生冲突，
工作压力很大、很令人疲惫，
高额负债，孤家寡人，
漫长而孤独的周末

感觉
愤怒，焦虑，悲伤，孤独

想法
我烦恼、虚弱、爱无能、愚蠢。
难怪我没有朋友。
生活真是一团糟！
我还能不能找到另一半或是
拥有一份体面的工作？

图 2-5　一个完整的"选择点"图示

如果头脑对你说些劝你放弃的话，你就面临一个"选择点"：你是因为头脑的消极言语就选择放弃，还是允许它畅所欲言，承认它只是好心想保护你免于不适，然后你接着阅读？

我希望你选择后者，因为下一章将探讨一个至关重要的话题。

The
Happiness
Trap

第 3 章　控制的黑洞

　　米歇尔女士泪水涟涟地倾诉着，"我这是怎么了？"她问道，"我的先生是个好男人，孩子们都很可爱，我对工作也很满意。我本人身材曼妙、身体健康，各方面都不错。但是，我为什么感觉不到幸福？"

　　嗯，这个问题很有意思。表面看来，米歇尔的生活应有尽有，到底是哪里出了问题？其实，这种情形在西方世界十分普遍，本章稍后会揭开谜底。现在，我们先来看看当前流行的另一种关于幸福的迷思。

迷思 3：我们能够轻易控制想法和感觉

　　许多自助书籍和课程都衷心赞同这个迷思。其中，流传最广的说法是，"如果反复挑战你的消极想法，用积极想法取而代之并填充头脑，你就会真正幸福、自信和成功"。但是，如果生活真有那么简单就好了！

　　事实上，我们对自己的想法和感觉的控制能力远远低于预期，这点无须多言。我敢打赌，你无数次尝试过更积极地思考，而那些消极想法还是不请自来，是不是？正如第 1 章提到的，头脑的思考方式经过 30 多万年的进化而形成，又岂是通过积极思考就能彻底改变的！（我不是说积极思考彻底没用，有些技巧确实能让人感觉好些——至少是暂时好些，但这些做法在长期内并不能真正驱逐消极想法。）

这种规律同样适用于愤怒、恐惧、悲伤、内疚和羞耻之类的不适情绪。市面上有众多的心理策略，旨在"消除"这些情绪，但你一定发现了：即便能暂时驱逐这些情绪，但它们很快就卷土重来，如此循环下去。

我猜你已经花了很多时间、精力来努力让自己拥有"良好"的感觉和"积极"的想法，以取代那些"糟糕"的感觉或是"消极"的想法（我自己就是这样的），而且，你很可能发现，在压力不大或是挑战不大时，你经常能够成功地"赶走"那些想法和感觉。但我也相当确定，你会发现在压力更大时，你的处境会更艰难，你也很难再控制自己的想法和感觉。而且，当你面临非常艰难的处境、遭到生活的严重打击、面对重大的挑战、需要走出舒适区直面恐惧时——你根本别指望还能感觉良好！

可悲的是，这个迷思在我们的文化中是如此根深蒂固，以至于我们在不能控制想法和感觉时会自感愚蠢、脆弱或无能。这就引发了一个问题：既然这个迷思和我们的直接体验完全相悖，它又因何而来？

控制的幻象

人类的头脑非常奇妙，它支持我们制订计划、发明创造、协调行动、分析问题、共享信息、从经验中学习，还能描绘崭新的未来。环顾周遭，我们身上的衣物、身下的座椅、头上的屋顶、手中的书页——无一不是人类头脑的天才创造。头脑赋予我们按照自己的愿望塑造周围世界的能力，使我们拥有温暖、住所、食物、水、保护措施、卫生系统和医疗服务。顺理成章，人类拥有的这种对外界环境的超强控制能力也会让我们对控制其他领域抱有很高的期待。

当今社会，人类在物质世界里运用的控制策略通常颇具成效。如果

我们不喜欢什么东西，很容易就能想办法回避或是除掉它们，采取行动
就行。有只狼徘徊在屋外？干掉它！用石头砸、用长矛刺，或是开枪射
杀。遇到下雪、下雨或者冰雹这类天气，虽然不能直接除掉它，但你可
以躲进洞穴或是建个避难所来回避。想要耕种的土地干旱贫瘠？你可以
通过灌溉施肥来改善土质，或者换一块更肥沃的土地耕种，就能回避这个
难题。

但与此同时，针对我们的想法、回忆、情绪、冲动和身体感受，我们
又能在多大程度上控制内心世界？我们还能真正回避或消除那些不喜欢的
东西吗？让我们来看看。

现在，我们来做一个小实验。你可以接着阅读这一段，同时
试着不要想和冰激凌有关的事。不要想冰激凌的颜色和质地，不
要想它在炎炎夏日的口感，也不要想它在你嘴里融化的美妙感觉。

请你盯着地面，尽量保持一分钟不想关于冰激凌的事。

你的进展如何？

这就对了！你根本做不到不去想冰激凌。[⊖]

❀　❀　❀

现在，我们来做另一个小实验。回想你吃的上一顿饭——早
餐、午餐或晚餐都可以。尽量生动地回想当时的情形，你吃的是
什么，那顿饭做得如何，味道如何。你回想完了吗？很好，现在，
请你删除这段回忆，彻底抹去它，让它完全消失，一去不返。

你的进展如何？（如果你认为自己做到了，请再次检查，看
看你是否还记得有关那顿饭的情形。）接下来，请将注意力转向你
的左腿，留意左腿的感觉。那里有什么感觉？很好，现在，请让你
的左腿完全麻木——麻木到即便用钢锯锯断它你都没感觉的程度。

你能做到吗？

⊖ 有少数人能通过思考其他事情做到暂时压抑有关冰激凌的想法。这样做并不好。关于压
抑想法的大量研究表明，从长期来看，这种方法不仅会失败，还会有反弹效应，导致你
想要回避的想法会以更高的频率和强度出现。我们会在之后的章节中具体探讨这一问题。

✤ ✤ ✤

现在，继续做一个思维小实验。假设我是一位疯狂的科学家（如果你认识我，就会觉得这种说法并不夸张），为了做一个邪恶的实验，我绑架了你，给你接上全世界最灵敏的"谎言侦测器"（专业术语是"测谎仪"）。这台机器可以测量你的心率、呼吸频率、血压、脑电波和肾上腺素水平。如果它侦测到你身上哪怕是最微弱的恐惧或焦虑的迹象，红灯就会闪烁，警铃就会响起。

现在，我把你绑在椅子上并连接这个测谎仪，而我的手放在一个巨大发电机的红色控制杆上。我疯狂地咯咯笑着，对你说："我现在就要拿你做实验了，你在这期间不能有一点焦虑，因为一旦你焦虑了，我就会拉下控制杆，用100万伏特的高压电电击你！"

接下来会怎样？

你肯定会被烤焦，对吧？即使命悬一线，你也做不到不焦虑。事实上，在这种情况下出现的最微弱的焦虑本身就会引发巨大的焦虑。

✤ ✤ ✤

现在，我们来做最后一个实验。请你盯着下面的五角星（见图3-1），看看能否坚持两分钟不想它。你要做的是在这两分钟内防止一切想法进入脑海，尤其是有关这个五角星或是这项任务的所有想法！

图　3-1

希望你现在终于能够明白：我们的想法、感觉、身体感受和回忆并不是那么容易控制的。就像我之前说的，我们确实能对这些东西有所控制，但程度远远低于预期。我的意思是，我们需要面对现实：如果我们轻易就能控制这些，岂不是所有人都能永远幸福地生活下去？

我们如何习得情绪控制

自儿时起，我们就被教导理应控制感觉。在成长过程中，养育者的论调我们都耳熟能详："不准哭，否则有你好看""干吗灰心丧气，要多看积极的方面""男儿有泪不轻弹""别再一副自怨自怜的模样""根本没必要害怕""你需要积极思考""不用担心""振作起来，不要杞人忧天""不要为打翻的牛奶哭泣""大海里还有的是鱼"，等等。

我们身边的成年人不厌其烦地这么说，让孩子们相信自己能够控制感觉。而且，在孩子们看来，这些成年人似乎真能说到做到。但真相又如何呢？绝大多数成年人都无法恰当地处理自身的痛苦感觉，他们采用的方法是喝到酩酊大醉、服用镇静剂、垂泪到天明、陷入外遇、疯狂工作，或是默默忍受痛苦，直到患上慢性胃溃疡。只是，无论怎么处理，他们都不会和你分享这些秘密。

偶尔（我希望是偶尔），你会目睹他们的失控，我敢打赌他们从来不会这么说："你看见我脸上流淌的泪水了吗？那是因为我感到'悲伤'，我们所有人都会时常感到悲伤，这是一种正常的情绪，我很想教你一些心理技能，帮你有效地处理它。"

学校教育也会有力地增强这种"我们应该能够控制感觉"的理念。例如，大家会嘲讽在学校里哭泣的孩子们（尤其是男孩子）是"爱哭包"或"娘娘腔"。随着年龄的增长，你很可能听到这些论调（甚至你自己也这么说），比如"克服它""就当踩到屎了""继续前进""冷静点""不要像只待宰的小鸡""振作起来""坚强一些""赶快想办法""处理好这件事""控制局面""别再抱怨""不必后悔""不用担心""放松放松""不要再想这件事"，等等。

这些说法暗示我们理应能够随意打开和关闭感觉，仿佛是轻轻地控制一个开关。而且，大家都对这种迷思深信不疑，因为身边很多人"看起来"都很幸福，他们"看起来"能够控制自己的想法和感觉。这里的关键词正是"看起来"。真实情况是，绝大多数人都不会以开放和坦诚的态度对待自己和想法、感觉的激烈搏斗，他们戴上一副"勇敢者"面具，保持"面不改色"。他们很像是那些苦水往肚子里咽的著名小丑演员，我们能看到的都是他们粉墨登场的笑脸和欢快滑稽的动作，却看不到他们的内心戏。我常常听我的来访者这么说："如果我的朋友／家人／同事听到我现在说的这些，他们一定难以置信。大家都认为我是那么坚强／自信／幸福……"

我的来访者潘妮是一位 30 岁的接待员，她在第一个孩子出生 6 个月后来见我，她深感疲惫和焦虑，怀疑自己不是一个称职的妈妈。她有时感到力不从心，难以胜任，只想逃避一切责任；也有时感到精疲力尽，悲惨痛苦，怀疑要孩子是巨大的错误，然后又觉得这么想可真是十恶不赦！

尽管潘妮定期参加妈妈小组的聚会，但她一直都把个人议题当作秘密保守。其他妈妈们貌似都那么自信，她害怕如果说出真实感受会遭到鄙视。后来，潘妮终于鼓起勇气和其他女人分享了她的体验，她的坦诚打破了大家心照不宣的沉默。妈妈们都多多少少和潘妮有类似的感受，她们之前全都在装腔作势，将自己的真情实感隐藏起来，因为害怕得不到认可或是遭到排斥。当大家都能开诚布公时，她们都感觉轻松很多，彼此也因这份真诚的联结而倍感亲密。

在我们成长过程中，绝大多数人都被教导要让痛苦的感觉深藏心底、不为人知，都被灌输说这些痛苦的感觉就是软弱、愚蠢或缺陷的代名词。因此，每当我们悲伤、焦虑或是因为害怕评价而不知所措时，大多数人都不愿意和亲朋好友吐露心声。我们对自己的真情实感三缄其口，这本身就在制造问题。而且，我们对外表现的虚张声势只会增加人们能够控制情绪的强大幻觉。

那么，为什么破除这个迷思这么重要？为觅得答案，就需要考虑你有哪些问题。

你的问题是什么

既然选择阅读本书，你的生活很可能也有改善的空间。你可能面临着人际关系的麻烦，可能形单影只而惆怅独悲，可能厌恶工作或是已经失业，可能健康持续恶化，可能与爱人分手或爱人去世、远行，可能罹患上瘾症或是面临财务困境和法律纠纷，也可能饱受抑郁、焦虑、创伤或"职业倦怠"之苦，还可能只是觉得自己卡住了，或是充满人生的幻灭感。

毫无疑问，这些议题都会引发令人不快的想法和感觉——你很可能已经花费了很多的时间和精力陷入"搏斗"模式，试图回避或消除它们。但是，如果你和你的"坏"想法及感觉的"搏斗"实际上会让生活变得更糟糕呢？在 ACT 中，我们会这么说："解决问题的方法却成了问题本身！"

解决问题的方法如何成了问题

假如你感到皮肤某处发痒，你会怎么做？使劲挠挠，对吧？通常不用多想，这招就很好使，很管事。

但是，假如你长了一块湿疹，那块皮肤奇痒无比，你或许也会很自然地挠一挠。但在这种情况下，皮肤细胞处在过敏状态，抓挠会让皮肤细胞释放出组胺这种化学物质，它会刺激和加剧皮肤发炎。于是，稍事片刻，皮肤又开始瘙痒，而且越来越严重。如果你继续抓痒，情况是一样的：短期解痒，长期更痒！湿疹就是这样，越抓越严重，越抓越痒。

如果皮肤处在正常、健康的状态，感到痒时抓抓就管事。但是，如果皮肤处在不正常的情况下，抓挠就会有害。这时，"解决方案"就成了问题的一部分，这就是"恶性循环"。在人类的情绪生活中，恶性循环的例子比比皆是。请看以下示例：

⑤ 乔很害怕被人拒绝，于是他一到社交场合就很焦虑。他很讨厌焦虑的感觉，就尽量回避社交，不接受聚会邀约，也不交朋友，每晚都

自己待在家里。这样一来，他绝少与人交往，变得更加焦虑，因为他完全隔离了社交活动。此外，独来独往、形影相吊的日子让他感觉自己彻底被排斥，而这恰恰是他最初害怕的事！

❀ 玛丽亚同样有社交焦虑，她用酗酒来应对这个问题。在短期内，酒精能够减轻她的焦虑。但是第二天，她会感到宿醉未消和疲惫不堪，一想到自己又花钱买醉就后悔不迭，也很担心酒后失态。的确，喝酒能让她即刻摆脱焦虑，代价却是在长期内更加不适。而且，一旦发现某个社交场合不让喝酒，她的焦虑就越发严重，毕竟连喝酒这根最后的救命稻草都没得可抓。

❀ 普里沙受到超重的困扰，她对此深恶痛绝。每念及此，她就会吃点巧克力让自己振作。当时当刻，确实好受一些。但很快，一想到身体刚刚摄入的卡路里会增加体重，她会比之前更加难过。

❀ 阿列克谢和妻子西尔瓦娜的关系日益紧张。西尔瓦娜因为丈夫总是顾着工作不能陪她而十分生气，而阿列克谢不喜欢家里的紧张气氛，为了回避这种气氛，他开始更长时间的加班。可是，他越是长时间工作，西尔瓦娜就越是满腹牢骚——他们之间的关系也越发紧张。

你会发现以上这些例子都涉及"搏斗"：竭力回避、消除或是逃离不想要的想法和感觉。

接下来，我总结了一些常用的"搏斗策略"，主要分为两类：战斗（fight）和逃跑（flight）。战斗策略指和不想要的想法和感觉搏斗，或是竭力主宰它们；逃跑策略指逃离或是回避这些想法和感觉。

战斗策略

压抑

你试图直接压抑不想要的想法和感觉，将不想要的想法从头脑中强硬推开，或是将情绪深藏于心。

争辩

你和想法展开辩论。例如，如果头脑说，"你是一个失败者"，你就反驳说，"哦，才不是——看看我取得的所有工作成就"。

掌控

你试图掌控想法和感觉。你可能对自己说，"别抱怨""保持冷静"或"振作起来"，你还可能强迫自己在不开心时开心，试图用积极想法取代消极想法。

自我评价

你尝试用严苛的自我评价迫使自己有不同的感觉。比如，称呼自己是"失败者"或"白痴"，或是自我批评和自责说，"别再那副可怜兮兮的样子"。

逃跑策略

撤离

你选择从容易引发不适想法的情境、事件或活动中撤离。例如，你中途退出某个课程、回避需要社交的场合、拖延某项重要的任务，或是回避某种挑战，都是为了逃离焦虑的感觉。

分散注意力

你通过专注于别的事情来分散对不适想法和感觉的注意力，如抽烟、吃冰激凌、购物，或是玩电脑游戏。

物质滥用

你试图通过药物、酒精、糖、巧克力、垃圾食品、烟草等物质来回避或消除不想要的想法和感觉。

搏斗策略造成的问题

使用以上方法试图控制我们的想法和感觉会导致什么问题？如果属于以下情况，就不会有问题：

- 明智、恰当和适度地使用这些方法
- 在确实有用的情况下使用这些方法
- 使用这些方法不会阻止我们按照理想自我生活和做真正重要的事

这样看来，如果我们不是过于痛苦或沮丧——我们面对的只是普通的日常压力——那么，刻意控制想法和感觉就不是问题。事实上，在某些情境下，分散注意力就能很好地处理不适情绪。例如，你刚刚和你爱的人吵了一架，感到很伤心和生气，出去走走或是埋头看书就能分散注意力，直到自己平静，这种方式很有帮助。同样，如果你刚完成一整天压力很大的工作，感到精疲力尽，晚间小酌放松可能就很管事。

但是，当出现以下情况时，搏斗策略就会导致问题：

- 过度地使用这些方法
- 在这些方法无效时依然使用
- 使用这些方法会阻止我们做重要的事

过度使用搏斗策略

其实，我们每个人多少都会使用搏斗策略来回避不想要的想法和感觉，只要适度使用就不成问题。例如，当我感到特别焦虑时，有时会吃点巧克力。这本质上是一种分散注意力的方法：通过专注于别的事来试图回避一些不适感。但是，因为我只是适量地吃巧克力，就不会给生活造成很大问题——我的体重适中，也不会得糖尿病。

但是，我在二十岁出头时的情况很不同。那时，我还是一名初级医生，工作压力很大，所以，我会吃一大堆蛋糕、饼干和巧克力来回避焦虑。（如果某天感觉很糟糕，我能吃上整整五包的 Tim Tam 双层巧克力。）结果，我超重得厉害，还患上了高血压，因为过度使用搏斗策略造成了严重的后果。（我肯定不是我的病人们的好榜样！）

如果你正为马上就到的考试焦虑，那么你很可能想通过看电视来分散注意力，让自己别那么焦虑。偶尔为之，无伤大雅，但若沉迷其中，每天晚上都看电视而不学习，结果就会让自己更焦虑，因为你的学习越落越多。可见，通过分散注意力的方法控制焦虑，在长期内并不管用，而且有一点很明显：这种应对焦虑的方式会阻止你做真正有帮助的事——学习。

通过喝酒和使用药物让自己失去意识也是同样的道理。适度饮酒或者偶尔服用镇静剂在长期内不会引发严重的后果，但是，如果我们过度使用这些搏斗策略，就很容易上瘾——这通常导致更多的问题，并会引发更强烈的痛苦感觉。

在搏斗策略无效时依然使用

假如我们深爱某人，而我们失去了这段关系——无论是因为对方驾鹤西去、拒绝这份爱，还是远走他乡——都会引发我们一连串的痛苦情绪。我们的感受因人而异，还可能包含很多不同的情绪，比如愤怒、悲伤、焦虑、内疚、孤独、绝望和恐惧。这些感觉都是人们在经历重大丧失时的正常反应，无论是失去爱的人、失业还是为了活命必须截肢，我们都会有这些感觉，它们是正常悲伤过程的组成部分。

不幸的是，大多数人都会竭尽所能将所有这些极其正常的情绪推开，而不是允许自己充分地感受这些情绪。我们可能埋头工作、酗酒、报复性地投入新恋情或是用药物自我麻痹。但是，无论我们多努力地想要推开那些情绪，它们仍然会萦绕在内心深处。而且，它们就像肌肉发达、穿越时空、奥地利口音的机器人杀手一样，迟早会回来。

这种情形有点像将一个皮球按到水下，只要手一直按着，它就会停留在水下。但是，你的胳膊终归有累的时候，一旦松手，皮球就会弹出水面。

唐娜（Donna）女士 25 岁那年，她的丈夫和孩子在一场车祸中不幸丧生。毫无疑问，她感受到一种混合着悲伤、恐惧、孤独和绝望的情绪大爆发。但是，她并不知道如何有效处理那些痛苦的感觉，于是开始通过酗酒来推开它们。喝到酩酊大醉的确会让她暂时获得解脱，但等她清醒过来，痛苦就会变本加厉卷土重来。然后，她会喝更多的酒来再次驱逐痛苦。

这种情况持续 6 个月后，当唐娜找我做心理治疗时，她几乎每天都要喝光两瓶酒，还会服用一些镇静剂和安眠药。她获得康复的关键因素就是她能自愿不再逃离痛苦。唯有学会对感觉保持开放并创造空间，减轻这些感觉对她的影响，允许它们按照自己的节奏自由来去，她才能够真正和那个可怕的丧失握手言和。一旦做到这一点，她就能够有效地哀悼心爱的家人，然后将精力投入到建设新生活中。（本书之后还会来看她是如何做到的。）

当搏斗策略阻止我们做重要的事时

有哪些生活领域对你至关重要？健康？工作？家庭？朋友？宗教信仰？运动？大自然？毫无疑问，当我们真正把时间、精力投入对我们最重要和有意义的各个生活领域时，生活就会变得更加丰富充实。不过，很多时候我们尝试回避不适感，往往会妨碍我们做真正重要的事。

例如，假设你是一位钟爱表演的职业演员。突然有一天，你在上台前感到一种深深的恐惧，生怕自己演砸了，于是，你拒绝登台（通常称为"舞台恐惧症"）。拒绝登台可能暂缓你的恐惧，但也会阻止你做对你来说真正重要的事。

或者，假设你刚刚离婚。对你来说，悲伤、恐惧和愤怒都是非常自然的反应，但是你不想有这些不适感，于是，你就通过吃垃圾食品、醉酒或吸烟来试图改善情绪。但是，这么做对你的健康有何影响？我还没发现不想拥有健康的人，但我们大多数人使用的情绪控制策略却会真正损害身体健康。

我们真正拥有多少控制权

我们能在多大程度上控制自己的想法和感觉，这主要取决于它们有多强烈以及我们面临的情况——如果情绪没有那么强烈，面临的情况也没有那么大压力，我们就拥有更多的控制权。

例如，如果我们面对的是典型的日常压力，而且我们处于一种安全和舒适的环境中，比如在自己的卧室、瑜伽课上、心理教练或治疗师的办公室里，那么一种简单的放松技巧通常就能让我们顿感平静。

但是，如果我们的想法和感觉更加强烈，面临的环境带给我们更大的压力，我们就很难再有效控制这些想法和感觉。例如，在你面试时、和伴侣争吵时，或是要和某人约会时，你可以试试让自己做到全然放松，你很快就会明白我的意思。尽管你能在那些情况下"表现"得很平静，但你不会"感到"很放松（无论你多么努力练习放松技巧都做不到）。

当我们回避的事情不是很重要时，我们对想法和感觉就更有控制权。例如，如果你想回避清理杂乱的车库或是车子，你可能很容易就把这些事驱逐出你的头脑。因为在更大的生活计划里，这些事情无足轻重，即便不做，明天的太阳照常升起，你还能继续呼吸，你的工作、健康或所爱的人都不会受到不利影响，顶多就是你的车库或车子继续处于杂乱的状态。

但是，假设你的胳膊上突然长了一颗又大又怪的黑痣，而你想要回避看病，你还能轻易不想这件事吗？当然，你可以看电影、看电视或是上网，暂时不理会。但从长远看，你终究难免重新想到那个黑痣，因为回避行为的后果可能非常严重。

可见，因为我们回避的很多事情无关痛痒，或者因为我们的很多消极想法和感觉并不强烈，所以使用搏斗策略通常就能让我们感觉良好，即便是片刻也行。但问题是，这会让我们相信自己拥有超出实际的情绪控制权。

什么是"经验性回避"

没有人喜欢糟糕的感觉,我们很自然地想要回避或消除不适的想法和感觉。心理学家将这种做法称为"经验性回避"(experiential avoidance):持续试图回避或消除不想要的内在体验。

经验性回避很正常,低水平的经验性回避不会构成问题。但是,高水平的经验性回避会导致搏斗策略的过度使用,带来三大代价:

(1)过度使用这些策略将会消耗大量的时间、精力,而这些本可以投入更有意义和有利生活的活动(即"趋向行动")。

(2)我们会感到绝望、挫败或匮乏,因为尽管我们一直竭力消除它们,但不想要的想法和感觉还是不断造访(通常愈演愈烈)。

(3)过度或不恰当地使用搏斗策略会在长期内降低我们的生活质量。(换句话说,它们变成了"偏离行动"。)

这些不想要的结果会导致更多不适情绪的产生,甚至引发更多的搏斗。这是一种恶性循环。我真的强调这是"恶性"的,有丰富的研究表明,高水平的经验性回避是导致抑郁、焦虑障碍、成瘾、表现受损、低自尊、关系冲突、进食障碍、工作时心不在焉和缺乏动力、强迫症、创伤、慢性疼痛综合征和其他很多心理问题的元凶。

值得说明的是,搏斗策略有时是自动运行的,我们完全意识不到。例如,你可能听说过迷走神经,这是人体内仅次于脊髓神经长度的第二长的神经。有时,当我们体验到强烈疼痛时——身体上、情绪上或心理上——我们的迷走神经就会真正让我们陷入麻木状态:它可以真实地"切断"我们的感觉,隔离痛苦。我们并不是有意选择这么做,这些是神经系统保护我们的方式。不幸的是,这也会引发其他的不快情绪,比如麻木、空虚、空心感或是一种"心死"的感觉,这些体验在抑郁或创伤的情形下很常见。

简而言之

"幸福的陷阱"就是:我们为了更幸福而尽力回避或消除不想要的想

法和感觉，但矛盾在于，我们越是努力"搏斗"，就越会制造困难的想法和感觉。

关键在于，你自己弄清楚这一切，信任你的体验，而不是对我言听计从。因此，请完成以下练习。这个练习包含三个组块，我强烈建议你写下答案。如果不方便或是还没准备好，请至少用 10 ～ 15 分钟认真考虑。

A 组块：你都尝试了什么方法

首先，请完成这个句子：我最想回避或消除的内在体验（想法、感觉、情绪、回忆、冲动、画面和身体感受）是……

———————————————————————————————

———————————————————————————————

接下来，花几分钟列出你为回避或消除不想要的内在体验而做过的事。试着回想你用过的每一种搏斗策略（无论是有意为之还是不知不觉）。

注意：在完成练习时请保持非评判的态度——带着真正的好奇心！不需要评判这些方法的好坏对错，评判它们是积极还是消极。我们不想陷入有关应该或不应该的评判或正义感，我们的目的是发现这些方法是否"有效"——这些方法在长期内是否有助你过上理想的生活？（很明显，如果有些方法确实在长期内对生活有利，它们就属于"趋向行动"，继续使用！）

请尽量多想一些例子，包括以下这些方式：

分散注意力

你会做什么来分散注意力，或是转移对痛苦的想法和感觉的注意力？（例如，看电影、看电视、上网、看书、打电脑游戏、锻炼身体、从事园艺、参与赌博、吃东西、喝酒，等等。）

撤退

你会回避、终止、逃离、拖延和撤离什么很重要、很有意义，或是对生活有利的活动、事件、任务、挑战或人呢？（当然，如果它们没有那么重要、没有意义或是不对生活有利，选择撤退就不是问题！）

思维策略

你会如何（有意识或无意识地）通过思考来驱逐痛苦？在下列选项中勾选你做过的事，然后写下你做过的但没在下列选项中的其他方式：

- ✸ 担心
- ✸ 幻想更美好的未来
- ✸ 想象逃跑的场景（例如，辞职或是离开伴侣）以及复仇的场面
- ✸ 对自己说"这不公平……"或"如果……就……"
- ✸ 自责，责怪他人或世界
- ✸ 对自己说一些很有逻辑的、很理性的话语
- ✸ 积极思考，积极自我肯定
- ✸ 评判或是批评自己
- ✸ 让自己费尽心思
- ✸ 分析自己或他人（试图弄清楚"为什么我/其他人会这样"）
- ✸ 分析情境、生活或世界（试图弄清楚为什么发生这些事，或者为什么生活/世界会是这样）
- ✸ 制订计划，规划，构想问题的解决方法
- ✸ 制作待办事项清单
- ✸ 重复鼓舞人心的格言谚语
- ✸ 挑战消极想法，与之争辩
- ✸ 告诉自己"这会过去"或"我担心的永远不会发生"

其他思维策略：

_____

_____

物质依赖

为了回避或消除痛苦，你会让身体接受什么：食物、饮料、自然疗法、草药、茶、咖啡、巧克力、阿司匹林、非处方药或处方药？

还有什么策略

在面对不想要的想法和感觉时，你还会经常使用什么策略？例如，你是否尝试过冥想、表达攻击性、打太极、做按摩、锻炼身体、四处挑事、跳舞、听音乐、自残、"容忍它"、"忍受它"、"咽下这口气，继续干"、祈祷、摔东西、卧床不起、阅读自助书籍、做心理治疗、看医生或寻求其他健康专业人士的帮助、对生活或他人很气愤？

B 组块：这些方法从长远看是否有用

大多数搏斗策略都能让你在短期内从痛苦的想法和感觉中解脱。但请考虑这一点：人们能否永远消除不想要的想法和感觉，让它们一去不返？

大多数时候，大多数策略，能让你在痛苦折返之前享受多久的安宁时光？

现在很清楚，如果我们适度而明智地使用其中一些方法，能够在长期内对生活有利——那么，这些方法就是"趋向行动"，可以继续使用。但是，如果我们过度使用这些方法，对它们产生依赖——当我们过度、僵化或是不恰当地使用时，这些方法就会在长期内让我们付出巨大的代价。因此，你需要考虑：你在过度或是不恰当地使用这些方法时付出了什么代价？是遭受了健康、财务、时间、人际关系、机会和工作方面的损失，还是会增加疼痛、疲劳，让你浪费精力、感到挫败和失望，等等？

请根据自己的情况，仔细考虑答案。

C 组块：这会让你付出什么代价

最后请考虑：这些方法中有多少在短期缓解痛苦的同时会就此把你困住，让你的生活更糟糕，或是在长期内付出巨大的代价？请在下面合适的位置打"√"，代表你的答案：

"没有"＿＿"很少"＿＿"大约一半"＿＿"大多数情况"＿＿"全部"＿＿

（你的经验性回避程度越高，你的"√"就越可能出现在最右端。）

请在继续阅读前完成以上练习的三个组块。

如果你真正做完练习，并对自己诚实，你很可能发现了以下三件事：

（1）为回避或消除不想要的想法和感觉，你花费了大量时间、精力和努力（和金钱）投入搏斗。

（2）很多策略有时能让你在短期内从不想要的想法和感觉中解脱，但这些想法和感觉在长期内还会回来。

（3）其中很多策略如果是过度或不恰当地使用，会让我们付出很大代价，比如浪费金钱、时间、精力，也会对健康、活力和关系产生不利影响。换言之，它们能让你在短期内感觉更好，但在长期内会损害生活质量。

你的感觉和想法如何

暂停片刻，注意你的感觉。你是很好奇，很有兴趣？或是有点茫然、困惑和不安？抑或是感觉焦虑、内疚或愤怒？如果你感到不适……请放心，这很正常！我们提供的是一种全新视角，它对很多根深蒂固的信念构成了挑战，人们产生强烈的反应是很常见的。

同时，请注意你的头脑正在说什么。它说的内容对你是否有帮助，它是否在鼓励你？还是在评判和批评你——管你叫笨蛋或傻瓜？很多读者很可能遇到第二种情况。如果是这样，请放心，你不是笨蛋或傻瓜（即使你的头脑不同意我的观点）。你所使用的这些策略是很普遍的，地球上的每个人都会用这些策略回避或消除痛苦。我们都会分散注意力，都会选择远离困难的事情，都会想方设法消除痛苦，也都可能产生各种形式的物质依赖。事实上，我们的朋友、家人和健康领域的专业人士也经常鼓励我们那么做！

关键在于，无论我们多努力地回避或消除这些想法和感觉，长远来看，它们都会不断回来！不幸的是，我们所做的一切通常会在长期内让生活变得更糟。这是一种恶性循环，我们都经常深陷其中。

没那么快

"稍等，"我听见你说，"你为什么不提慈善捐款、勤奋工作、照顾朋友那些事？难道为别人付出不会令我们感到幸福吗？"

说得好。关键在于，不只是你做的事重要，你做事的动机也很重要。如果你为慈善机构捐款主要是为消除自认自私的想法，如果你拼命工作主要是为回避内心的匮乏感，如果你照顾朋友主要是为对抗被拒绝的恐惧……那么，你很可能难以在做这些事时感到心满意足。为什么？因为你的主要动机是回避令人不快的想法和感觉，这会耗尽你从这些事中获得的快乐和活力。例如，回忆上一次你为了消除压力、无聊和焦虑而享用丰盛美餐的情景，我猜这份美餐没有那么令人满意。但是，如果你吃同样的食物，并不是为了消除糟糕的感觉，而只是简单纯粹地享受和欣赏它的味道，你的感觉会怎样？我敢打赌你会更加心满意足。

市面上有很多关于改善生活的良好建议：寻觅一份有意义的工作、好好锻炼、投身大自然、培养兴趣爱好、加入俱乐部、做慈善、学习新技能、和朋友共享欢乐时光，等等。如果你做这些事是因为它们对你真正重要且富有价值，那么做事的过程就足以令你满足。但是，如果你做这些事主要是为回避不快的想法和感觉，你就很难从中收获良多。因为，出于对恐惧的回避而做事很难给人真正的享受。

因此，如果你做的是自己真正认为有意义的事情——它们来自内心深处的召唤，对你至关重要——那么，我们不会把这些事情归入搏斗策略，而是称为"价值行动"（第 10 章会解释这个术语），这些行动应该在长期内对生活有利。

但是，如果同样的行为主要是由经验性回避所驱使——做事的出发点是为了回避或消除不想要的想法和感觉，那就可以归入搏斗策略（如果你发现那么做令人满意才怪）。

还记得米歇尔吗？从外表看来，她的生活应有尽有，却依然感觉不到幸福。她生活的主旋律是回避自己的匮乏感和无价值感，"我不可爱""我为什么有这么多缺点""没人喜欢我"之类的想法困扰着她，让她感到羞耻和焦虑。

米歇尔如此卖力地工作，就是为了消除那些想法和感觉。她强迫自己工作出色，经常加班帮助其他同事，她对丈夫和孩子也很宠溺，有求必应。她总是优先考虑他人的需要，惧怕对任何人说"不"，以防冒犯对方，她每天都要花大量的时间"取悦他人"。

米歇尔这种行为模式的习得可以追溯到童年早期。在她的成长环境中，她的父母经常虐待她，对她十分专横，她很早就学会要尽量取悦父母，否则后果很可怕。当她还是个孩子时，这种取悦他人的模式确实能够保护她，但是，在成年之后还延续着这种模式，就会让她付出巨大代价。你应该可以预料，她通过不断将自己置于他人之后来努力谋求他人的认可，结果只能不断强化自己的无价值感。她就是这样真正跌入了幸福的陷阱。

如何逃离幸福的陷阱

首先要提升自我觉察。你可以通过觉察，留意自己每天为回避或消除不快的想法和感觉所做的一切小事——仔细追踪这些做法的后果，最好能每天写日记或是花几分钟反思。这一点非常重要，我们越快发现自己受困于陷阱，就能越快帮助自己脱身。

　　那是不是说我们只能一味忍受困难的感觉，过着痛苦而悲惨的生活？完全不是！你说的这种情况属于处于"服从模式"时才会发生的事，我们让想法和感觉控制了全部的注意力，听凭它们的驱使去行动。本书第二部分将介绍崭新的、更有效的方法，帮助我们处理不喜欢的想法和感觉，这些方法完全不同于"搏斗模式"和"服从模式"。在继续学习前，除了"服从模式"，我们还需要探索谜题的另一个部分——"搏斗模式"。

第 4 章　放下搏斗

你有没有看过一些古老的牛仔题材的电影？其中经常出现一个掉进流沙池的坏人，他越挣扎就陷得越深。如果没看过也不用担心，这类电影都是烂片。这里的重点是，如果你有一天陷入流沙，搏斗的做法最不可取。你应该躺平、伸展、保持不动，让自己浮在流沙的表面（然后，吹口哨叫你那超级聪明的马来救你）。这么做不费吹灰之力，但对你的心理颇有挑战，因为你身体的每一种本能都让你去……搏斗！

当我们的内心出现困难的想法和情绪时，上述规律同样适用：我们的本能是立即搏斗，使出浑身解数搏斗，使用上一章提到的策略来战斗或是迅速逃离内在体验。但不幸的是，如同陷入流沙一般，搏斗只会令情况恶化。

我们还有什么选择

我们还可以用一种截然不同的方式回应痛苦的想法和情绪，它比搏斗策略有效得多，但是，这种方式非常"反直觉"，令人十分费解。为了帮你理解这种方式，我鼓励你做一个简单的三步实验。（我保证，如果你不是只读读，而是真正去做，一定大有收获。如果你现在不方便或是不愿意做，至少可以生动地想象一番。）

步骤 1

无论你此刻身在何处，都请想象在你面前有对你很重要的一切，既包括生活中令人享受和愉快的方面（你最喜欢的电影、书籍、音乐、运动、游戏、食物、饮料、人、地方、宠物和一切你喜欢的活动），也包括生活中令人感到困难和不愉快的方面（你面临的一切挑战和难题）。

同时，假装你手里拿的这本书包含了所有你经常与之搏斗的困难的想法、画面、回忆、感觉、情绪、身体感受和冲动。

步骤 2

（注意：如果你有颈肩或胳膊方面的问题，不要做这部分练习，生动想象一番即可。）

读到这一段末尾时，用双手紧握这本书，尽量将它往远处推。（如果你在电子设备上阅读，可以用电子设备代替这本书，或是用另一本书、一张纸代替都行。）

就这么双手紧握它，将手臂完全伸直（肘部不要弯曲），能伸多远就伸多远，保持和它"一臂之远"的距离。（这应该很费力，如果不觉得费力，你就需要继续伸直胳膊，使劲将这本书往远处推。）然后，至少保持这个姿势一分钟——尽力推远它，同时好奇地注意你的体验，尤其是注意有什么想法和感觉出现。

你的进展如何？会不会感到不舒服、疲惫和费力？（大多数人感觉，

即使只是做一分钟练习都会很烦很累，明显感觉很不舒服。) [⊖]

现在，想象你整天都在做这个练习，一做就是连续几个小时，那将会多么令人精疲力尽？想象你在电脑上打字、玩游戏、阅读、开车、做晚餐、吃大餐、打网球、躺在海滩上进行日光浴……同时继续做这个练习，这将牵扯你多大的精力，让你无法专心投入正在做的事？这将多么降低你开心和满意的程度？这个练习和你正在做的事是相互竞争的关系，你要兼顾将会多么困难？你将会错失多少当下的生活？

这种情况就很像我们在和想法、感觉搏斗时的情形：我们投入大量的时间和精力，努力将想法和感觉推开。这种做法令人疲惫、消耗精力和分心。而且，因为我们投入大量的注意力和内在体验展开搏斗，我们就更难活在当下，更难专注和投入正在做的事情，也就无法有效地回应很多生活的挑战。

现在，让我们尝试一种截然不同的方法。

步骤 3

接下来，还是假装这本书代表你一切困难的、不想要的想法和感觉。在读完这段时，再一次竭力推开它，保持一分钟。然后，放下胳膊，立刻把书平放在腿上。同时，认真地注意：当你停止和它搏斗时发生了什么？就这样允许这本书轻轻放在膝盖上……伸展胳膊……做一次缓慢而轻柔的呼吸……怀着一种好奇的态度，睁开眼睛，用心聆听，注意你周围看见和听到的东西。

你发现了什么？不再推开它是一种怎样的感觉？就让这本书平放在你的膝盖上是一种怎样的感觉？是不是不会再牵扯那么多的精力，不再那么

⊖ 我有一次邀请一位非常强壮的运动员来访者做这个练习，他说："这很容易。我可以这么举一整天。"于是我让他保持举着书并推远的姿势，看看他能否多举两分钟。然后，我问他："老实说，你能不能在会谈剩余的 40 分钟里保持这个姿势不动？"结果，即便是这位强壮的运动员都会回答"不能"，因为他发现这么做非常消耗体力，会牵扯很大的精力。

累，也不再那么痛苦？是不是感到有些解脱和自由？是不是可以更轻松地注意周围的世界？而且还能更容易地活动胳膊和双手，行动自如？

用这种方式回应不想要的想法和感觉，和搏斗模式完全相反。我们敞开心扉，为想法和感觉创造空间，允许它们自由地出现、停留和消失。我们不会受到它们的驱使，也不会投入宝贵的能量和注意力与之搏斗，或是试图远离它们。由此，我们就获得了解脱，能够把时间和精力投入趋向行动，也更容易集中注意力做好手头的事，这会带来两个巨大的好处：

（1）能把事情做得更好。

（2）在投入可能让人感到愉悦的活动时收获更多的享受和满足。

这种做法很像是让我们漂浮在流沙的表面，它不会自然而然地发生。但是，研究表明，当我们以这种方式回应想法和感觉时，我们的症状就会减轻：焦虑水平降低，压力水平下降，抑郁症状缓解，即便是慢性疼痛综合征之类的躯体疼痛也将得到改善。

这种做法还有第三个好处，这个好处会令很多人感到惊讶。我们的困难的想法和感觉通常蕴含着有用的信息，其中很重要的就是提示需要解决的问题，给予我们有关生活的重要反馈，帮助我们发现正在做的事情是无用功。当我们忙于和内在体验搏斗时，就难以充分利用这些极有价值的信息，唯有放下搏斗，才能真正利用它们。（如果我说的这些很像是不知所云的心灵鸡汤，不必惊慌，我们接下来还会深入讨论。）

尽管关于 ACT 有效性的研究已经发表了 3000 项，但人们有时还是会对放下搏斗深表疑虑。以我的来访者卡尔为例，他是一位 32 岁的商人，他很焦虑，一直担心生病、失业或是妻子离开他，他还有很多自我评判的想法，认为自己不值得、不可爱，有很多不足。而且，他还有"病态完美主义"的倾向（一直都竭尽全力要把事情做得尽善尽美，已经到了给自己制造巨大压力和焦虑的程度）。例如，像撰写非正式电子邮件这类简单的工作任务，他都需要花很久才能完成，因为需要重写第四、五、六、七遍，直至完美。他经常拖延一些重要任务，因为很害怕不能做到尽善尽美。即便终于开工，他也会一直强迫性地追求完美结果，使得做每件事的乐趣荡然无存。

　　我第一次带卡尔做上述练习时使用了一本旧的平装书。他说："我能不做这个练习吗？"然后就把书扔到了房间的另一边。

　　我回答："是的，你当然可以不做。毕竟，你拥有那么多搏斗策略，你能做的事情真不少，比如吃药、喝酒、分散注意力、陷入拖延症，等等，那些想法和感觉会走开，但能坚持多长时间？如果继续使用以前那些办法，你会付出多大的代价？"听到这里，卡尔好像流泪了。我捡起那本书，说道："嗯，其实扔掉它和拿着它并把它推到一臂之远是同一回事，你在和它搏斗，想要把它赶走。我们现在采取的是截然不同的方法。"我一边说，一边把书轻轻放在膝盖上。

　　卡尔似乎半信半疑，他说："你并不理解我，焦虑会让我越来越虚弱，我完全无法忍受。"

　　我回答："是的，你的焦虑正在让你越来越虚弱，你当然感觉难以承受。"我拿起书，双手紧抓着它，将它推到一臂之远的地方。"如果你主要是用这种方式应对焦虑，焦虑就会始终让你逐渐虚弱，令你感到不堪忍受。那么，你愿意换一种方式吗？学习以一种崭新的方法应对焦虑？这种方法能够帮你耗尽焦虑的能量，让你不再感到日渐虚弱和难以承受？"我一边说着，一边将那本书轻轻放在膝盖上。

　　卡尔点点头，然后我说："太棒了。当然，这样处理一本书很容易，现在，我们需要尝试用这种方法处理一些真正的想法和感觉。"

第二部分

如何处理困难的想法和感觉

The
Happiness
Trap

The
Happiness
Trap

第 5 章　如何抛锚

你是否经历过"情绪风暴"？痛苦的想法仿佛狂风扫荡落叶一般席卷了你的头脑？痛苦的情绪如同湍急的河流冲刷河岸一样流过你的身体？"情绪风暴"的影响程度、发生频率和激发因素因人而异，它包括你能想到的想法和感觉的随意组合：愤怒、焦虑、悲伤、孤独、内疚、羞耻、担忧、评判、创伤性记忆、可怕的画面、痛苦的身体感受、强烈的冲动——凡是你能想到的。但是，无论一种情绪风暴有什么特点，毫无疑问的是，它能轻易将我们裹挟而去。

我们对情绪风暴的反应主要有两种模式："服从模式"或"搏斗模式"。在"服从模式"下，我们被风暴彻底控制；在"搏斗模式"下，我们竭尽所能驱逐风暴。通常，我们会同时使用服从和搏斗这两种策略。换言之，我们"完全被钩住"了，几乎不能有效地处理引发风暴的问题或难题。

现在，我们先来讨论真正的风暴。想象你有一艘船，正要驶入港口，收音机播报有一场强烈的暴风雨即将来临。这时，你会想要安全而迅速地在那个港口抛锚，否则，你的船会被暴风雨掀翻，而你将葬身大海。当然，抛锚并不能驱逐风暴，但能确保你的船稳稳当当，直到风暴消退。简单来说，当情绪风暴肆虐于内心时，你要学会如何"抛锚"。不过，我们先来看看注意和命名的重要性。

注意和命名

本书提到的很多脱钩技能都涉及"注意和命名"的过程：好奇地注意你的想法和感觉，用一种非评判的态度为它们命名（例如，"这是焦虑"或"感觉很焦虑"）。而且，正因为大多数人不会自发地这么做，我们在刚开始练习时会感觉有点奇怪，所以更需要理解其中的要点。

注意和命名困难的想法、感觉，能够减轻它们对我们行为的影响。原因在于，当我们注意到想法和感觉并用语言描述出来时，大脑的前额叶皮层（你的前额覆盖的大脑）会被激活，而这又能够反过来调节那些激起内在情绪风暴的其他脑区。

基本上，我们越是缺乏对自身想法和感觉的觉察，就越是难以调控自己的行为——我们的言行。还记得你小时候的情况吗？每当老师离开教室会发生什么事情？小伙伴们开始"群魔乱舞"，对不对？同样的原理也适用于我们的内在世界。我们的觉知就像老师，想法和感觉就像孩子们。如果我们不能主动觉知想法和感觉，它们就会很活跃、会搞破坏和为所欲为。我们越是不善觉知，想法和情绪就越是能控制我们的行为，我们很容易就被拖入偏离行动。

然而，每当老师回到教室，孩子们就会立刻安静下来。类似地，每当我们将觉知带入想法和感觉，注意和命名它们，想法和感觉就会威力顿失，很难再给我们添乱。我们依然拥有那些想法和感觉，但不会再对它们言听计从，或是陷入和它们的搏斗。

我们不妨用"我注意到"或者"这是……"之类的短语来命名想法和感觉，这通常很有帮助。例如，你可以告诉自己："我注意到焦虑""我注意到麻木""这种感受是胸闷""我注意到头脑正在担忧""这是一份痛苦的回忆""这是一种想要抽烟的冲动"。

第一次尝试这么做时，我们可能感到有些奇怪或不适，但这种方法通常都能帮助我们脱钩，至少是片刻的脱钩。我们平时常说"我很生气"，听起来好像这就是我们此刻的感觉，但如果说"我注意到生气"或"这是一种愤怒的感觉"，就能帮助我们"后退"一步，将这些感觉看成一种"流经"我们的情绪。

同样，如果说"我是个失败者"，听起来好像我真是那样；而当我说"我注意到我有一个想法——我是个失败者"，就能让我和想法拉开一些距离，将它视为一个"经过"的想法，而不涉及"我是谁"。

因此，我希望你愿意尝试注意和命名（即使你的"找理由机器"竭力阻止你）——同时，请你开发适合自己的方法。

一种简单的配方

你准备好尝试抛锚了吗？请记住，这种方法并不是用来回避或消除想法和感觉的风暴的（如同真正的大船铁锚也不能控制天气一样），它的目的是帮助我们在风暴中保持稳定，以防被席卷而去。

我们在面对情绪风暴时拥有上百种抛锚的方法，全都遵循一种简单的三步配方，希望你能熟练掌握并创造自己的方法，以便随时随地、或长或短地开展练习。我们不妨用缩写单词"ACE"（意思是"高手"）帮助记忆这个配方。

A：承认（Acknowledge）想法和感觉

C：联结（Connect）身体

E：投入（Engage）正在做的事

现在就做练习，一边做一边了解这三个步骤。开始之前，先反思你今天在生活中遇到的困难，尽量激发一些焦虑、悲伤、内疚、生气、孤独或其他困难的想法和感觉，将它们作为练习素材。（做不到也无妨，诸如平静、放松、愉快或是烦恼、抑郁和麻木之类的感觉都可以用来练习，只不过针对痛苦情绪的练习效果会更加明显。）

A：承认想法和感觉

孩童天生对世界充满好奇，他们能全然着迷地盯着一只鸟、一朵花或是一只毛毛虫，身边的成年人却很少注意到这些。你也可以怀着孩童般的好奇注意自己的内在世界，无论这一刻你的内在出现什么想法、感觉（包括麻木）、回忆、身体感受或是冲动，都承认它们的存在。

（注意：有些人发现注意想法比注意感觉更容易，也有些人觉得反过来才对。在开始时，出现什么就注意什么是最容易做到的，然后可以尝试更困难的部分。如果你只能注意到一两种想法和感觉也没有问题，学完本书，这种情况会发生变化。）

用 10～20 秒注意你脑海中跳出的想法，再用 10～30 秒从头到脚进行身体扫描，注意此刻的身体感受。在这个过程中，你可以使用"我注意到"或"这是"这类短语来命名注意到的想法和感觉，例如："这是愤怒的感觉""我注意到一些有关无价值感的想法"。

这个步骤旨在帮助你承认想法和感觉，既不服从也不搏斗。还记得你推开那本书时的情形吗？如果换一种方式，将书放在膝盖上，又是怎样的情形（上一章内容）？是的，承认想法和感觉的存在，正是第二种方式的第一个小步骤。（这是最开始的一步，提示你去承认；这也是最小的一步，之后还要做很多事，请保持耐心。）

在这个时候，你需要的就只是承认此时此地出现了想法和感觉，这些就是当下发生的事（你可以既不服从也不搏斗），注意和命名就足够了。现在，继续阅读前请用 20～30 秒（这是最低限度，如果你愿意，可以用更多时间）练习这一步。

C：联结身体

现在，继续承认想法和感觉的存在，同时联结你的身体。你可以探索如何完成这一步，找到对自己最有效的方式，这因人而异。以下列出一些联结身体的技能，你可以自行调整，或是找到更适合自己的方法：

❀ 缓慢而温柔地将双脚踩实在地板上。

❀ 缓慢而温柔地伸直后背和脊柱。

❀ 缓慢而温柔地将双手手掌相对，十指指尖按压在一起。

❀ 缓慢而温柔地伸展胳膊、脖子或是转动双肩。

如果你的身体因为疾病有某些不便，比如有受伤或是慢性疼痛方面的问题——或者，如果你不想专注于身体的某些部位——那么，你就可以调整练习来满足自己的需要。你可能更想这么做：

❀ 缓慢而轻柔地呼吸。

❀ 采用慢动作的方式，以前所未有的温柔态度调整姿势，让自己在座位或是床上待得更舒适，仔细留意你会使用哪些身体部位的肌肉。

❀ 缓慢而温柔地将眉毛抬高，然后放低。

发挥创造力，尝试各种有助你仔细感受身体某些部位的方法，你可以敲敲手指，也可以动动脚趾，很多方式都不错，不妨试试：

❀ 双手手掌相对，使劲互推，感受这样做时牵动的脖子、双臂和肩膀处的肌肉。

❀ 双手按压在椅子扶手上，或是用双手用力地按摩脖子后边和头皮。

❀ 缓慢地环顾四周，注意你如何活动脖子、脑袋和双眼。

❀ 缓慢地做一些拉伸动作（或是做一个瑜伽动作）。

❀ 转动拇指、双手拥抱自己、让双手从膝盖上滑过……有数百种方式供你选择。

❀ 如果你身边有其他人，你不想让他们知道你在做练习，那就可以只是保持脊柱的挺拔，将双脚压实在地板上。

请记得，这么做不是力图消除困难的想法和感觉（抛锚并不能赶走风暴），也不是在竭力分散注意力。

这个练习的目的是：持续承认想法和感觉的存在，同时感受身体，主动做一些身体动作。这么做能让你更好地控制身体活动——更好地控制你的双臂、双手、双腿、双脚、脸和嘴——以便你在情绪风暴肆虐之时更有效地行动。

继续阅读之前，现在就练习承认你的想法和感觉，联结身体，至少用 10 ～ 20 秒（这是最低限度，你可以随意使用更长的时间）。

E：投入正在做的事

持续承认你的想法和感觉，联结身体，同时，知道自己身在何处和正在发生的事情。然后，将注意力集中投入正在做的事。

你可以继续发挥创造力，找到适合的方法。以下是一些有助于完成这一步的建议：

- ❧ 环顾房间，注意你能看见的 5 种事物。
- ❧ 注意你能听见的 3 ～ 4 种声音。
- ❧ 注意你闻到的气味、品尝的味道，或是鼻子里的感觉和嘴里的感受。
- ❧ 注意你正在做的事。

现在就练习，至少用 10 ～ 20 秒注意周围的环境，然后把全部注意力带回来阅读这本书。

你做得很好。现在，请再次完整熟悉一遍 ACE 的三个步骤：承认想法和感觉，联结身体，投入正在做的事。每个步骤至少花 10 ～ 20 秒，你也可以花更多的时间。

你做得真棒。现在，请第三次过一遍 ACE 练习，每个步骤至少花 10 ～ 20 秒。

现在，请第四次练习 ACE，这也是最后一次，每个步骤用 10 ～ 20 秒（或是更长的时间）。最后，将你的注意力完全投入正在做的事，这标志着练习的完成。（目前来说，就是继续阅读这本书。）

你的进展如何？我希望你能至少获得以下一些体验：

❀ 尽管你的想法和感觉很可能没什么变化，但是你已经可以和它们拉开一点距离，你能够后退一步，注意它们，而不是被它们带走。你不再那么容易被想法和感觉驱使、干扰和影响。

❀ 你能够更容易地感受身体和活动身体，你感觉更能控制自己的身体活动。

❀ 你能够更加安处当下，保持清醒和警觉。

❀ 你能够更好地觉知自己身在何处、在做什么事、有什么想法和感觉。

❀ 你有一种从想法中解脱出来的感觉。

如果你完全没有上述体验，或是在练习时遇到困难，请参照本章最后的答疑解惑。（如果你的困难想法和感觉减少或消失，那是幸运的奖励，而不是练习的目的，接下来会简要讨论这一点。）

这么做不管用

在我带领卡尔做上面这个练习时，他的反馈是："这么做不管用！"

我问道："你说的'不管用'是什么意思？"

他回答："我的感觉没有变好，这个练习不能赶走那些感觉。"

"是的，这个练习的初衷本来也不是赶走感觉。"我回答说。

人们在刚接触这种方法时普遍会做出卡尔这样的评论。即便已经列出自己使用的所有搏斗策略，也认识到这些策略会让自己付出健康和幸福方面的代价；即便已经学习"放下搏斗"，了解为什么这么做能够减轻困难想法和感觉的影响，也不再竭力回避或消除它们；即便已经知道抛锚并不能控制情绪风暴……

是的，即便已经完成上述工作，很多人依然需要花时间体会 ACE 这种回应想法和感觉的崭新方式。所以，如果你也是这样，那完全正常。我刚开始时也是花费了一段时间才真正掌握，你对此要有充分的心理准备，毕竟这是一种全新的回应方式。

大多数人都会像卡尔这样，在开始阶段误解抛锚的要义，试图把它当成另外一种搏斗策略，这注定会导致失败和失望。抛锚并不是控制情绪的好方法，抛锚的真正目的是：

- 获得对身体活动的更多控制权，以便在困难的想法和感觉出现时能够更有效地行动。减轻想法和感觉的影响：当我们处于自动导航模式时，我们就如同牵线木偶一般被想法和感觉所控制（"服从模式"），如果能够刻意觉知想法和感觉，能以好奇的态度承认它们的存在，它们就很难再控制我们。
- 阻断偏离行动（例如，阻断让我们偏离理想生活的问题行为）。
- 帮助我们集中注意力（或是再次集中注意力）投入正在做的事，特别是当我们分心、进入自动导航模式或是被想法和感觉带走时（正因如此，练习的最后部分提示你将全部注意力投入正在做的事）。

抛锚练习还有其他益处，我们还会详谈，但我接下来要强调的这一点很重要。

抛锚练习不是为了分散注意力

"分散"（distraction）这个词来自拉丁语"distrahere"，意思是"从……中被带走"。分散注意力的技巧属于搏斗策略，主要目的是把注意力从不想要的想法和感觉中带走。抛锚练习是反其道而行之的：我们主动注意此时此刻的想法、感觉、情绪、身体感受、冲动和回忆。如果我们试图分散注意力，努力逃离不想要的内在经验，忽视或假装它们并不存在，就会把抛锚策略变成另一种搏斗策略。（请记得，当你不再推开那本书时，就让它轻轻待在膝盖上，你并不需要努力忽视它或是假装它不存在。）

分散注意力并不是"错误的"和"不好的"——其实，你早就掌握了如何分散注意力。我们所有人都有无数种方法分散注意力，也都知道这些做法经常失灵，或者顶多带来片刻的轻松。因此，我们希望采用一些崭新的方法：不再与想法和情绪搏斗，允许它们如其所是；允许它们"憩息于我们的膝盖"；允许它们来去自由。

　　假如你感到很受伤——彻底心碎的悲伤、极度的焦虑和强烈的孤独，做完抛锚练习之后，你的这些痛苦很可能并不会离开。但是，它们通常会失去对你的影响力，它们的力量被逐渐耗尽，难以再轻易逼迫你。同时，如果你能保持几分钟耐心——通常3～4分钟足矣，有时需要更长——你通常就会获得一种平衡感，即便内在的风暴还在肆虐。

　　如果你的痛苦程度不是很极端（比如，你感受到的是温和而适度的悲伤、压力和焦虑），那么，通过练习抛锚，痛苦通常就会减轻，甚至彻底消失。如果痛苦消失了，这当然值得感激和享受，但请始终记住：这是一种"额外的奖励"，而不是练习的主要目的。如果你使用本书提到的这些技巧来回避、逃离和消除痛苦的想法和感觉，或是用它们分散对痛苦想法和感觉的注意力，你将很快感到失望和挫败。头脑会开始抗议："这么做不管用！"

混合使用

　　我鼓励你创造自己的抛锚方法。你可以根据ACE配方开发上百种抛锚的方法，不必严格按照上面的这个顺序练习：

　　　　承认（Acknowledge）→联结（Connect）→投入（Engage）

　　有些人感觉先联结身体更有用，然后再承认内在发生的事，之后投入正在做的事。还有些人更喜欢按照下面的顺序练习：

　　　　联结（Connect）→投入（Engage）→承认（Acknowledge）

　　因此，顺序并不重要，关键是包括这三个阶段（不要忽略"承认"阶段，否则抛锚策略很容易变成分散注意力的策略），你可以多做几遍完整的练习，试试各种不同的命名方法：有些人喜欢用一两个词，比如"焦虑""担忧""悲伤"或"自我评判";也有些人喜欢用长一点的短语,比如"我注意到我有一种感觉⋯⋯"或者"我现在的想法是⋯⋯"。

现在,请用两三分钟再练习一次抛锚,至少完整练习两三遍 ACE,留意发生了什么。

接下来做什么

你可能很好奇:"我在抛锚之后做什么?"(即便你不好奇,我也会告诉你。)你还记得第 2 章提出的"选择点"的概念吗?趋向行动是指你做的事情符合你的理想自我并且有助于你过上理想的生活,而偏离行动则相反。因此,如果你现在从事的任务或活动属于趋向行动,就继续做,而且要投入全部的注意力,这出于以下两点考虑。

首先,如果我们想把事情做好,最需要什么?我们最需要的并不是技能、知识、经验和天赋,尽管那些都很有用,我们最需要的是集中注意力投入当前任务的能力。无论我们有多么高超的技能、多么丰富的知识,多么富有经验和天赋,如果不能在正在做的事情上保持注意力,就无法把事情做好。很多杰出的运动员在取得意料之外的糟糕成绩后都会提到,"我比赛时完全心不在焉"。不仅是运动员会出现这种情况,每个人都可能会这样。无论我们是在开车、烹饪晚餐、参加橄榄球比赛、学习,还是在健身房运动、教育孩子、读书或是埋头工作,如果不能全然投入,无法聚精会神,处在自动导航或是"走走过场"的状态,我们就不可能把这些事情真正做好。⊖

其次,我们之所以需要把全部注意力倾注于正在做的事,是因为唯有如此才能最充分地利用做这些事的机遇。总的来说,我们在做事时投入的注意力越少,就越难在过程中感到愉快和满足(稍后还会探索其中的原因)。

⊖　当然,这一规律也存在例外。例如,如果你想要喝醉,想要赖在沙滩上或是在电视机前神游消磨时间,你并不需要为了做好它们而真正投入全部的注意力。但是,对大多数复杂活动来说,这个规律是适用的。

因此，假如你在抛锚后正在做的事属于趋向行动，就全神贯注投入其中。假如你正在做的事属于偏离行动，那就停下来，转而投入一项新的趋向行动。（当然，知易行难——你在当时可能很难想起什么是趋向行动。但请放心，你在快读完本书时就会拥有很多趋向行动的选项，到时你已经练习了这些新技能，就更容易从偏离行动切换到趋向行动。）

何时何地练习

抛锚练习多多益善。最理想的情况是，在情绪"天气"相对温和时就尽可能多地做练习，以便更有把握应对情绪"风暴"的来临。因此，请在平时感觉情绪相对温和，面临适度的压力、焦虑、愤怒、被激惹、担忧或悲伤时，就反复练习 ACE。然后，随着你技能的提升，再遇到恶劣的情绪"天气"时，就能检验抛锚的能力。这可能需要时间，但是通过持续地练习，你终将发现自己即便是在最艰难的情绪"风暴"中都能抛锚。（前提是你必须练习，只凭阅读不会有效。）

同时，你还可以在无法集中注意力、注意力分散或是处于自动导航模式时随时练习抛锚，帮助自己再次集中注意力并投入正在做的事。类似地，当你感觉行动迟缓、精疲力尽、无精打采或是出现"什么事都很烦"等想法时，就可以通过抛锚唤醒自己、自我赋能并重新获得对行动的掌控。⊖

这些练习的最棒之处在于它们很容易融入日常生活，你可以随时随地练习，想练就练：等红灯时练习一个 30 秒的版本；早上起床时练习一个 1 分钟的版本；排长队时练习一个 2 分钟的版本；午休躺着时练习一个 3 分钟的版本。

练习多多益善，每天练习 10 分钟非常棒，20 分钟更好，1 分钟也聊胜于无。

⊖ 这本书的每一项建议都需要适应你独特的生活情境。例如，如果你的无精打采是因为睡眠不足或生病引起的，那么你最好的选择是去睡觉。

在这些情况下，抛锚尤其有用：

- 出现各种情绪风暴时
- 想要中断担忧、纠结和思维反刍时
- 想要阻断各种自我破坏的行为时
- 很难集中注意力或是投入正在做的事时
- 行动迟缓、精疲力尽或是感觉自己"关机了"时
- 一直在想法和感觉中"漂移"时
- 感觉身体开始"僵住"或"冻结"时（这是创伤的常见后果）
- 出现痛苦回忆或是创伤性记忆时
- 出现强烈的成瘾性渴求或冲动时
- 想要脱离"服从模式"或"搏斗模式"时

ACE 只是本书提供的诸多脱钩技能中的一种。刚开始练习时，你可能没觉得受益匪浅，也可能立刻发现自己变化很大，还可能是处于这两种情况之间。如果你能坚持规律地练习，即便每天几分钟，日积月累都将收获颇丰。

答疑解惑

如果你在抛锚时没有困难，请跳过这个部分，直接阅读下一章。

抛锚并不管用

人们这么说，几乎都是因为他们尝试将抛锚技能用作搏斗策略：让自己从不想要的想法和感觉中分散注意力，或是设法除之而后快。本章已经强调过这两个问题。

我没注意到有什么不同

通常，这只会发生在你刚开始没有被想法和感觉钩住的情况下。如果没被钩住，你也就无须脱钩。如果是这样，请再次练习，但首先

需要反思生活中一些重大的难题和挑战，以便引发一些困难的想法和感觉。此外，出现这种情况还可能因为你是第一次练习抛锚，需要学习很多内容（阅读全部指导语，等等），你还没有真正投入到练习中，所以请再试一次。

同时，要记住，有时变化会很轻微：你可能只是多了一点警醒和觉察，也可能只是多了一些和身体的联结以及对行动的控制。

我的感觉变得更强烈了

幸运的是，这种情况很少出现，通常是在你长期回避自身情绪的情况下才会出现——你完全切断、驱赶或忽视自己的感觉。现在，当你改弦易辙时，你的感觉就会出现反弹。这就好像这种情绪（通常是焦虑）现在跳了出来，十分兴奋地说："嘿，你终于注意到我了！你为什么忽视我那么久？仔细看看我！看看我！我就在这里！看看我有多大的能耐！"

我们通过规律地练习，持续承认而不再推开感觉时，这种反弹现象就会消失。即便再次出现，处理的秘诀就是多花几分钟时间继续练习抛锚，多做几次完整的 ACE 练习，每次至少用一分钟——你会发现收效明显，就像本章描述的那样。

承认想法和感觉时必须命名吗

不是必须命名。（我一直认为没有什么事是必须的，一切都是个人选择。）每当我们好奇地注意想法和感觉的存在，即便没有命名，也已经很有效。只是，如果能够为它们命名，会让脱钩技能更有"威力"。

无法为感觉命名

有些人在命名自身情绪时感到很困难。你可以多学习命名的技能，但就目前来说，使用类似"压力""不适"受伤""痛苦"之类的常用短语就可以。

很难注意到我有什么感觉

如果你发现很难感受自己的感觉，或者只是感到麻木，就请承认："我注意到一种麻木感"或是"我注意到我的身体没有感觉"，我们之后还会学习针对这种情况的新技能。

很难注意到我的想法

如果你无法注意到自己的想法，或者似乎没有想法，就只注意你的感觉。

无法一次注意很多事

如果你在尝试注意很多事时感到难以承受，就请放慢速度，缩小注意范围。在 A 这一步，只注意一种身体感觉，或是只注意想法而不管感觉。在 C 这一步，只是移动和注意身体的一个部分。在 E 这一步，只注意能看见或听见的一两件事。随着时间的推移，逐渐扩大注意范围，以便能够同时注意更多的事。

我对身体疼痛更富有觉知了

有时，人们在做这个练习时，发现自己对身体的疼痛、脖子的疼痛、后背的疼痛、肌肉的紧张或是其他身体部分的疼痛变得更有觉知了。针对这种情况，你可以结合 ACE 中的步骤 C，拉伸或是按摩疼痛的区域，把它作为联结身体的一种方式。也可以结合步骤 A，承认不适感的存在，不用和它搏斗，可以说"这是背痛"或是"我注意到脖子痛"。当然，最好能够同时结合上述两个步骤。

第 6 章 永不停歇的故事

　　假设你拥有一台能够读取思维内容的机器，可以让你直接进入并聆听我的头脑，你会听到我内心的每一声自我打击与折磨，你会听到以下所有自我评判的声音。(这些声音可能不是在同一天出现，你得连续听上数月才能收集齐全。)现在，当你读取我的想法时，请考虑：你的头脑是不是也和你说一些同样的话？

　　嗯，这就对了。我的头脑喜欢告诉我：我很胖，我很老，我很愚蠢；我是个冒牌货，我没有竞争力，我的成就很不足，我没有别人聪明；我是个伪君子，我是个怪物，我总是格格不入；你如果知道我很喜欢你，你就不会再喜欢我了；我很烦人，我毫无魅力，作为家长我招孩子烦，作为伴侣我招爱人烦；我太自私了，我太混乱了，我很笨拙。

　　现在，花一些时间注意你的头脑在说些什么。它是不是这么说："哇！哈里斯的头脑和我的真像！"或是说："这个家伙是不是有问题？他不是号称心理自助专家吗？"我在写这本书的第 2 版时，已经 54 岁，浏览一番我的自我评判清单，发现大多数评判贯穿了我的整个成年期，相当一些还是从童年时就出现的。那么，我现在有什么变化？不同之处就在于，大多数时候，我的这些想法在出现之后，就如同从鸭子背部滑落的水一样，几乎对我没有影响，即便是有一些影响，我通常也能迅速而熟练地脱钩。（你是否发现我用了"大多数时候"这种说法？是的，你永远无法尽善尽美，永远有改进空间。）

事实上，人们出现消极的想法很正常。我在世界各地做演讲和培训（针对健康专业人士和社会大众），观众人数从不足 50 人到超过 2000 人不等。在我把刚才和你分享的所有那些想法和听众分享时，我会问他们："如果你的头脑也经常对你那么说——未必完全相同，但很类似，请举手示意。"每当我这么问，就会发现几乎所有人的胳膊都高高举起。接下来我会说："请一直举着手，环顾四周，看看真的不是只有你会这样。我们的头脑都会做这样的事情，生而为人，就是如此。"

第 1 章就此讨论过很多原因，我们都有大量的消极想法。事实上，研究表明，可以说我们大约有 80% 的想法是消极的。因此，如果你的头脑也喜欢消极思考，那么欢迎你光临"人类俱乐部"。

故事大王

继续深入探索前，我们先要弄清想法的本质。大体而言，想法就是一堆文字。在纸上写下这些文字，就成了"文本"；大声说出这些文字，就成了"演讲"；而当这些文字存在于脑海中时，就成了"想法"。

除了"脑海里的文字"，还有以意象或记忆形式出现的"脑海里的画面"。我们用"认知"这个词来概括想法、意象和回忆。我们稍后再探讨意象和回忆，现在先来探索想法。

人类十分依赖这些"脑海里的文字"。我们的想法告诉我们关于生活的种种事情以及如何好好生活，讲述我们是怎样的以及我们应该如何，指点我们要有所为和有所不为。但是，这些想法只是一些文字罢了——正因如此，我们在 ACT 中经常用"故事"来指代想法。它们有时是真实的故事（即"事实"），有时是虚假的故事。不过，我们的大多数想法既不真实，也不虚假。它们要么是关于我们如何看待生活的一些故事（即"观点""态度""判断""理想""信念""理论""道德""视角""假设"等），要么是关于我们想要如何应对生活的故事（即"计划""战略""目标""愿望""渴望""价值"等）。

我们的头脑多么爱讲故事？它永不停歇，不是吗？（即便是在我们睡觉时。）头脑持续不断地比较、评判、评估、批评、计划、分析、回忆、预测和想象，它就像是世界上最伟大的故事大王，源源不断地涌出文字，极其擅长吸引我们的注意。

ACT 帮助我们处理想法的方式和很多其他的心理模型截然不同。我们不关心想法的真假，也不在乎想法是积极还是消极，我们最重视的是当前这个想法是否对我们有用，能否引导我们建设理想的生活。

"请等一下！"我听见你说，"难道消极想法不是对我们很有害，很不利？"答案是"不"（我没有打错，答案就是"不"）。就其本身和影响来说，消极想法从来都不是有害的或不好的。我听到你在怀疑："你怎么能那么说？难道消极想法不会引发压力、抑郁、焦虑之类的情绪？"答案是："不会，它们确实不会。"

现在，请暂停片刻，留意头脑的评论。头脑极有可能开始抗议，因为你应该已经读到、听过或被灌输了这种观点：消极想法既不正常又有害。假如你对这些极度流行的迷思深信不疑，接下来将会大吃一惊。

处理"消极想法"的流行方法

很多心理学方法都将消极想法视为很大的问题，认为它们正是引发抑郁、焦虑、低自尊等状况的罪魁祸首。因此，这些方法主张你要竭尽所能消除消极想法，常常建议你和想法进行"搏斗"，类似下面这样：

❀ 反复告诉自己一些更好的、更积极的想法，用来消除消极想法。

❀ 分散对消极想法的注意力。

❀ 将想法推开。

❀ 和想法辩论，试图证明它们不是真的。

❀ 把想法改写得更加积极。

你是否也尝试过很多类似的方法？几乎每个人都会的！现实是，即便上述这些方法能够让你短暂地获得轻松，但不能永远消除消极的故事，消极想法会如同恐怖电影里的僵尸一般不断出现，这是因为大脑没有"删除键"。

大脑没有"删除键"

我们来快速做个实验。下面三个句子是不完整的，你读的时候不要猜测或想出漏掉的部分，只是慢慢读完每句话，注意头脑如何自动地补全句子。

❀ 玛丽有一只小……

❀ 一闪，一闪，亮……

❀ 这边的草总比……的绿。

如果你的母语是英语，比如你自幼生活在英国、美国、澳大利亚或新西兰，你的头脑就会自动完成这些句子，用"羊羔"，"晶晶"和"那边"。（如果你没得出这些答案，请你从所在的文化中找到三个熟知的谚语，然后继续读。）⊖

现在，假如我对你说："从你的回忆中删掉那些句子，从你的大脑中彻底删除它们，争取让它们以后都不再出现在脑海中！"你能做到

⊖ 如中文成语，当说到"亡羊……""草木……""杯弓……"，我们自动会想到"补牢""皆兵""蛇影"。——译者注

吗?(如果觉得能做到,就试试看。)那些文字跃跃欲试,时刻准备着跳出来。

我们头脑里长年累月出现的一切困难的想法也是同样的道理。你不能轻易消除它们,大脑没有"删除键"。

你或许听说过大脑可塑性,即神经可塑性:大脑通过调整神经通路(大脑内部神经元之间的连接)来实现自身的改变,即"改写"大脑本身。但是,大脑不能通过"做减法"实现改变,不能将特定的神经通路"连根拔起"。大脑的改变是通过"做加法"来实现的——通过建立新的神经通路来覆盖旧的神经通路。因此,我们不能简单删除不想要的想法,但可以建立新的神经通路,从而支持我们以不同的方式回应困难的想法。这样一来,每当这些想法不可避免地再次出现时,我们就可以承认它们的存在,允许它们自由来去,而不会被这些困难的想法钩住。

一种崭新的方法

使用这种不同的方法,我们看待消极想法的视角和其他大多数心理学模型都截然不同。消极想法本身及其影响都不再构成问题,唯有当我们陷入"服从模式"的反应时,它们才会构成问题。

处于"服从模式"时,我们继续对想法投以全部注意力,或是把想法当成必须遵守的命令,或是将想法视为绝对真理。这种回应想法的方式,专业术语是"融合"(fusion)。

我们被自身的想法钩住(或称"融合"),基本等同于受到想法的主宰。想法可能严重占据了我们的觉知(例如,我们会十分担忧、深受困扰或"迷失于想法"),这会导致我们很难再集中注意力做其他事;想法还可能掌控我们的身体行动,将我们拖入自我破坏的行为模式(偏离行动)。为了更好地理解这一点,请尝试下面这个三步的实验。(和推开书的实验有相似之处,但也有明显不同。)

实验：把想法当成手

步骤 1

　　想象在你面前的是对你很重要的一切事情：生活中享受和快乐的方面（比如，你最喜欢的电影、音乐、游戏、食物、人、地方和事情）以及生活中艰难的、令人不快的方面（所有你需要应对的挑战、难题和麻烦）。现在，把你的手放在一起，手掌向上，如同打开的书页，想象这双手包含你头脑里所有的想法、意象和回忆。

步骤 2

　　读完这一段时，抬起双手到你脸的位置，用手掌完全遮住双眼，环顾四周，注意当你从手指缝隙凝视世界时看到了什么。继续阅读之前，用 15 秒钟做这个练习。

这就是当我们完全被想法钩住时的情形。当你用双手遮住双眼时：

❀ 你将错失多少正在发生的事？
❀ 你将在多大程度上切断并失去与生活中一切重要事情的联结？
❀ 你想要集中注意力做事将会变得有多困难？
❀ 在面临需要完成的任务或是所爱的人时，你想要投入全部注意力将会有多困难？
❀ 你想要采取行动或是确保生活正常运转将会有多困难？你想要好好开车、烹饪晚餐或是在电脑上打字将会有多困难？

　　想象你就这么过一整天，生活将会多么难上加难？每当我们被想法钩住，就很难再集中注意力或是投入正在做的事，很难再享受生活的快乐，也难以有效回应面临的难题和挑战。

步骤 3

　　再一次想象你的双手就是你的想法，而你身边是所有对你真正重要的事情。读完这一段时，再次举起双手到脸的位置，用双手遮住双眼，透过指缝环顾四周。就这样坚持 5 秒钟，然后缓慢地放下双手，让它们待在你的膝盖上，注意你的视野有何变化。就让双手在膝盖上休息，同时，真正怀着好奇心环顾四周，注意你能看见和听到的事情。

当你把双手放在膝盖上时，再集中注意力和投入周遭的世界是不是就变得轻松很多？投入全部注意力给需要做的事或是需要陪伴的人是不是容易很多？这很像是从想法中脱钩后的情形。（ACT 的专业术语是"解离"（defusion）。）

同时请注意，你的手依然待在膝盖上，你并没有把双手斩断或扔掉。因此，假如你需要用手做一些有用的事，比如开车、烹饪晚餐或是拥抱爱的人，你完全可以自如操作。假如你不需要用双手，就让它们待在那里。我们也可以采用同样的方式对待我们的想法。如果我们可以充分利用想法，那就去用。即使是最令人感到痛苦和折磨的消极想法，通常也能多少提供一些有用的信息，我们之后还会略加探索。如果我们不需要用到这些想法，让它们待在那里即可。

"但是，我不想让它们待在那里，"米歇尔女士做完练习后说到，"我很想消除我的想法。"（第 3 章提到的米歇尔总是出现"我毫无希望""我是个讨厌的妈妈""没有人喜欢我"这些想法。）

我回答她说："你当然不愿意让那些想法待在那里，谁不想彻底消除所有严苛的消极想法呢？而且，你多年来不都很努力地那么做了吗？回顾你使用的所有搏斗策略，包括积极的自我肯定，积极思考，祈祷，冥想，分散注意力，接受心理治疗，阅读自助书籍，和想法辩论，吃巧克力，喝酒，回避引发这些想法的人、地方或活动……但是，所有这些方法终究是隔靴搔痒。我们花了很长时间、心血和这些想法搏斗！但绝大多数做法顶多让你轻松片刻——长期的情况又如何？"

米歇尔叹气说："这些想法又回来了。"

"所以，你现在准备好尝试一些截然不同的方法了吗？"我举起双手遮住我的眼睛说到，"不再那么做，而是学习这么做。"然后，我将双手放在膝盖上。

米歇尔回答："嗯，我准备好了，但你能不能先解释一下为什么我们的头脑要像这样喋喋不休？"

头脑就像好心帮倒忙的朋友

你是不是有一位经常好心帮倒忙的朋友？他是那么尽心竭力地想要帮助你，却给你招惹了很多麻烦？尽管这位朋友的初衷是好的，但他的方式总是好心帮倒忙？嗯，你可能很惊讶地（或是很高兴地）发现这一点：当你的头脑对你唠叨所有没有帮助的事情时，它其实是在努力提供帮助！为了更好地理解这一点，我们来看看容易钩住我们的一些常见想法的分类，你从每一类想法中都能发现，你的头脑要么是在努力帮你获得想要的东西，要么就在努力帮你回避不想要的事情。

过去和未来

我们的头脑持续将我们拖入未来：担忧、灾难化、最糟糕的预测。为什么会这样？嗯，你的头脑正是这样帮你做出预案，为行动做准备。它会说："当心，你可能受伤，要保护好自己。"

我们的头脑也经常把我们拉回过去：思维反刍、反复深陷痛苦的往事、自责或责备他人做的（或是没做的）事。头脑正是通过这种方式试图帮你从过往的经历中学习。它提醒你："坏事发生了，你需要从中学习，以便能有所准备，搞清楚如果再发生类似的事情要怎么做。"

评判

我们的头脑就像是一家专门生产"评判"的工厂，它永不停工，生产的产品是："这是好的""那是坏的""他很丑""她很美""你不能信任那些人""生活真糟糕""我是对的，你是错的""这种感觉真可怕"，等等。你的头脑正是通过生产这些评判帮助你认识世界，为你指出什么是"安全的"和"好的"，也会特别提示你什么是"不安全的"和"坏的"。

而且，我们自然也会对自己做出很多评判。严厉的自我评判和自我批评说明我们的头脑正在努力让我们"成器"，帮助我们改变行为。头脑发现，如果它足够严厉地逼迫和打击我们，我们就能"像模像样"或是"做正确的事"。

理由

我们讨论过，头脑像是"找理由机器"。一旦我们想到做某事会感到不适、富有挑战和容易焦虑，头脑就会快速制造关于我们为什么不能做、不应做或不必做这件事的所有理由："我没有时间 / 精力 / 信心""我太焦虑了、压力太大或是太抑郁了"之类的。这些理由可能以焦虑的形式出现（"将会发生可怕的事情"），可能表现为绝望（"这么做没有用"），可能是无意义感（"这件事无关紧要"），可能是完美主义（"不能尽善尽美，做这件事就一文不值"），还可能是一些自我评判（"我太愚蠢 / 虚弱 / 懒惰，所以无法做这件事"）。

上述全部理由的目的都一样，不外乎两点：你的头脑正在努力帮你避开不适的想法和感觉，或是阻止你尝试新鲜事物以防你受到伤害。

规则

我们的头脑很喜欢设置一些能做和不能做、应该和不应该之类的严格规则，它告诉我们："不能做这个""必须做那个""不能那样做"。

头脑正是通过这种方式指导你的生活：你这么做就没事，那么做就有麻烦。它的初衷始终都是帮助你回避痛苦、趋利避害。

我可以花一整天继续举出类似的例子，很可能会烦死你。关键是要清楚：在这一切没有帮助的想法或思维过程的背后，头脑的核心出发点都是为了保护我们，帮助我们满足需要、回避痛苦或是提醒我们有些事情需要引起重视。

如何发现自己被钩住

我们被钩住时，情况就好像：

- 我们的想法是必须服从的命令和必须遵循的规则。
- 我们的想法非常重要——我们必须对想法投以全部注意力。
- 我们的想法富有智慧——我们需要遵循想法的建议。
- 我们的想法就是真理——我们深信不疑。

我希望你开始了解：消极想法及其后果并不会造成问题，消极想法不会直接引发压力、抑郁和焦虑等，只有当我们用"服从模式"回应消极想法时，才会造成问题。这种反应方式的专业术语是"融合"，但我们也有很多日常用语指代这种心理过程，比如："迷失在脑雾中""落入想法的陷阱""陷入沉思""被想法套牢""苦思冥想""被想法带跑""被想法捉弄""被想法驱使""穷思竭虑"，还可以用下述词语表示想法造成的影响，比如"被想法蒙蔽""被想法拖垮""被想法吞噬""陷入想法的泥潭""难以自拔""被想法淹没""一叶障目""卡壳了""满脑子胡思乱想""神魂颠倒"。这些隐喻性短语揭示了被想法钩住时常见的副作用，尤其是会消耗我们的精力和注意力。而当我们从想法中脱钩时，想法就会威力顿失。

有时，人们问我："那你的意思是说我们永远不应该受到想法的吸引？"我的回答是……

"我真的真的真的不是这个意思！"

（嗯，是我没能完全说明白。）我在回答这类问题时，总会回到 ACT 的基本原则：有效性。你需要看看这个想法能否帮助你建设理想的生活。

很多时候，当我们被想法吸引时，我们的这些想法很有用，对生活有利，例如，制订计划、解决问题、发挥创造力、在脑海中排练演讲、回忆重要的事情，或是在炎夏假日的吊床上愉快地做着白日梦，在这些时刻，我们就不需要从想法中脱钩。但是，当我们陷入让我们偏离理想生活的想法时，就需要及时脱钩。接下来，我会介绍一些我一直很喜欢的脱钩方法。

"我有一个想法是……"

当米歇尔被想法钩住时，想法就彻底占据了她的觉知空间。她感觉很害怕，很难再集中注意力做其他事。但她发现，使用下面一些简单的技巧通常就能帮她从想法中脱钩。请你阅读指导语并尝试。

首先，邀请一个令人沮丧的、自我评判的想法进入脑海，用"我……"的形式陈述它，比如"我不够好"或是"我很无能"。你需要选择一个经常出现并且很容易钩住你的想法，这个想法会打击你、拖你后腿、让你落入偏离行动、霸占你的觉知空间，等等。（如果你一时想不出什么自我评判的想法，可以用一个经常出现的表示担忧的想法来代替，例如"一定会出现可怕的错误"。）

现在，将注意力集中在这个想法上，用10秒钟让自己尽可能地相信它。

接下来，在这个想法之前插入短语"我有一个想法是……"。然后，再次说出带着前缀短语的这个想法，默默说，"我有一个想法是：我……"。注意发生了什么。

现在，再做一次，这次可以添加稍长一些的短语"我注意到我有一个想法是……"。默默说，"我注意到我有一个想法是：我……"。注意发生了什么。

你是否做了练习？请记得，你无法通过阅读学会骑自行车——你必须真正骑车和蹬车。同样，你也无法通过阅读指导语就从这本书中大有收获，你需要真正投入练习。所以，如果你跳过了这个练习，现在请回去做。

进展如何？你很可能发现插入那些短语立刻能让你和那个想法拉开一些距离，仿佛可以从中"后退一步"。（如果你没发现不同，请换一个想法再试试。）

你可以运用这个技巧处理各种困难的或是容易钩住你的想法。例如，如果你的头脑说，"生活真糟糕"，你就可以承认，"我有一个想法是：生活真糟糕"。你还可以用"我注意到"这个短语，每当你的头脑说，"我就要失败了"，你就承认说，"我注意到我有一个想法是：我就要失败了"。另一个选择是"我的头脑告诉我……"，例如"我的头脑告诉我：我是一个坏人"。通过使用这些短语，你就不会再轻易被想法打击或是任其摆布，而是能够"后退一步"，如实看清想法：它们只是经过你脑海的一些文字。

我们也很可能被积极的想法钩住，这也会容易引发一些问题，比如自恋、傲慢、自负、脱离现实的乐观主义或是对他人的偏见和歧视。例如，你是不是认识某个亲戚或同事，他们相信"我比所有人都更擅长做这件事，你必须听我的才有好结果""我对这件事已经了如指掌，你没有什么新鲜的见解可以告诉我""我就是比你强"？这些想法给人感觉挺"积极"，告诉他们的都是关于自己的积极方面，但是，当人们被这些想法钩住时，嘿，真的会给人制造麻烦！

我们在脱钩时（专业术语是"解离"）认识到：

- 想法只是声音、文字、故事或是"语言碎片"。
- 想法并不是需要服从的命令，我们并不是必须对想法言听计从。
- 想法可能重要，也可能不重要，我们可以对想法投以全部注意力，前提是它们必须对我们有帮助。
- 想法可能富有智慧，也可能没有智慧，不要自动听从想法的建议。
- 想法可能是真的，也可能是假的，不要自动地相信想法。

嗯，我感觉这一章没少谈理论，接下来是不是可以多实践了？

丰富多彩的脱钩技巧

我们拥有无数种不同的脱钩技巧，有些技巧乍一看有点像"阴谋诡计"。因此，你不妨将所有这些技巧当作骑自行车时使用的辅助轮，一旦学会骑车，你就不再需要辅助轮。同时，在尝试本章和下一章的脱钩技巧时，请将每个技巧都当成是做实验，保持开放和好奇的态度。

我预感这些实验会很有帮助（否则也不会建议你做），但就像我之前说的，并不存在普适的灵丹妙药。每一种技巧的效果可能很明显，也可能一般或者轻微。（有时甚至完全无效。）在极少数情况下，某种技巧还可能起到和练习意图相反的效果，你在练完后感觉被钩得更牢。这种情况一般不会发生，如果真发生了，就说明你使用的技巧并不适合你，需要换一种试试。

开始练习

请记住，使用这些脱钩技巧的目的不是消除某个想法，而是帮助我们认清想法的本质，它们只是一连串的文字，我们需要允许它们来去自由，既不和想法搏斗，也不受到主宰。

接下来这个技巧需要发挥你的音乐才能，不用担心，你演唱的时候没人听见，自我欣赏就行。

第一种技巧：为想法配乐

请你邀请一个经常困扰你的消极自我评价来到脑海中，例如"我是个大傻瓜"。然后，花 10 秒钟持续这么想，并且尽量深信不疑，注意这么做带来的影响。

现在，仍然带着"我是个大傻瓜"的想法，在脑海中用《生日快乐歌》的旋律默默哼唱，注意发生了什么。

然后，回到这个想法的最初形式，再次用 10 秒钟在脑海中保持这个想法并尽量深信不疑。注意这么做的影响。

现在，想象在脑海中用《铃儿响叮当》（或你选择的任何其他曲调）的旋律默默哼唱这个想法，注意发生了什么。

你还可以用一些新方法替代上述方法，目前有相当多的免费手机程序有配乐功能。（我目前最喜欢用 Auto Rap。）你往这些小程序里添加一些声音，它就能为你配乐，因此，你大声说些什么，小程序就会输出一首有趣的歌曲。

你的进展如何？做完上述练习，你很可能发现自己已不再那么看重那个想法了，也不再对它笃信不疑。注意，你并没有挑战和质疑那个想法，没有试图消除它，也没有争辩对错，或是用积极想法取代它。通过识别想法并为它配乐，你就能够看清它的"真实本质"。你会发现：想法如同歌词，只是一串文字罢了。

第二种技巧：为故事命名

另一种简单的脱钩技巧是识别头脑最喜欢的故事，并为它们命名。比如，"失败者"的故事，"我的生活真糟糕"的故事，或是"我做不到"的故事。一般来说，同一主题故事的具体内容会有变化。例如，"没人喜欢我"这个主题可能以"我很招人烦""我不受欢迎"的版本出现，或是以"我太胖了""我很无能""我很蠢"的形式跳出来。当你的头脑闪现这些故事时，请为它们命名，承认它们的存在。例如，你可以对自己说，"哦，我认出你了，你是那个老掉牙的'我是个失败者'的故事"，或是说，"喔，现在上演的是'我搞不定'的老故事"。

一旦你认出一个故事，就好办多了，随它去就行。不需要挑战或推开它，也不需要投入太多注意力。只是任其来去，同时将精力投入你真正看重的事。

第三种技巧：为过程命名

我们还可以将上一个方法稍作变化，尤其是在脑海中快速涌现大量的困难想法时，相比注意并命名单一想法来说，"为过程命名"就特别重要，这是指你注意到了一种思维过程并为它命名。你可以默默对自己说，"我注意到我被想法缠住""这是头脑的思维反刍"，如果你不喜欢用"我注意到"的短语，可以用"担忧""白日梦""思考"等词语来做标记，如果愿意，你还可以用词组来命名，比如"沉溺于过去""担心被拒绝""自责"，等等。

通常，这种技巧能够帮助你阻断担忧、思维反刍、纠结的认知过程。你可以在开始时就为思维过程命名（例如"这是在担心"），有时，这么做就能让你脱钩，如果无效，就练习抛锚，帮你跳出头脑并把注意力投入正在做的事。

重在练习

让我们回来看看米歇尔女士，她发现反复钩住自己的是两个主题故事："我很没用"和"我不可爱"。米歇尔为这些故事命名，承认自己有这些想法，然后就能迅速从中脱钩。不过，她最喜欢的技巧还是"为想法配乐"。每当发现自己再次沉浸在"我很可怜""我不是个好妈妈"的故事里时，她就会为这些文字配乐，见证着它们威力尽失。

而且，除了《生日快乐歌》的旋律，她还尝试了很多不同的曲调，从贝多芬到披头士的歌曲她都试过。她每天反复练习，一周后就发现不再那么把这些想法当真了（即使不再配乐）。她并没有清除这些想法，但它们很难再对她构成困扰。

目前，你肯定还有各种疑问，请保持耐心。在接下来的三章，我们会更深入细致地讨论如何从想法中脱钩（以及如何从回忆和意象中脱钩），从而解决你遇到的一切难题。同时，请继续练习学到的至少 1 ～ 2 种脱钩方法："我有一个想法是……"，"我的头脑告诉我……"，为想法配乐，为故事命名和为过程命名。

此外，不妨经常自我提醒：

- ❦ 出现这些困难的想法很正常，每个人都会有这些想法。
- ❦ 我的头脑并不想伤害我，恰恰相反，这些困难的想法只是好心帮倒忙。

我们需要规律练习这些技巧来处理困难的想法（每天至少练习一次，多多益善）。每当你感到压力、焦虑、抑郁、纠结或沮丧，或是感觉难以投入精力、注意力涣散或无法集中注意力时，询问自己："我的头脑正在讲什么故事？"然后，识别出头脑中的故事并练习脱钩。

如果使用这些技巧无效，你还可以回去练习抛锚。

重点在于不要对这些练习抱有过高的期待。脱钩有时很容易，有时很难。不妨以玩耍的心态多多尝试这些练习，看看发生了什么，但不要期待立刻改变。

如果你感觉这些技巧都太难，就承认，"我现在有一个想法：这些都太难了"！出现"这太难了""这很傻""这不管用"等想法完全不是问题，看清它们的本质，允许它们如其所是。

你可能说："嗯，你说得不错，但如果这些想法是真实的怎么办？"

这是一个很好的问题。

The
Happiness
Trap

第 7 章　脱钩

"但是，我这个想法是真的！"马科打断我说，"我真的很胖！"他掀开衬衫，拍拍肚子，"你看！"马科的确属于严重超重的情况。像我们很多人一样，他把吃饭当成一种搏斗策略。他经常感到悲伤、孤独、焦虑、羞愧、低价值和匮乏，而当他吃最喜欢的食物时（比如巧克力、薯片、比萨、坚果、汉堡和冰激凌），至少能够暂时摆脱不想要的想法和感觉，但从长远看，这种策略显然让他感觉更糟。

于是，我对马科说："关键不在想法的真假，而是它们对你有没有帮助。"他听了之后好像有点吃惊。我说："我解释一下，假设我有一根真正的魔法棒，我挥舞着它，魔法当即生效。于是，你所有的困难想法和感觉瞬间就失去了影响力，它们如同滑过鸭子背部的流水，无法再阻拦你投入真正想做的事。如果是这样，你会用什么不同的方式对待身体？"

马科回答说："首先，我不会再吃那么多垃圾食品。"

我问："那你吃些什么？"

他回答："我想吃更多的健康食物，而且少吃一些。"

我说："很好，如果你继续按照内心深处渴望的方式对待身体，你还会做些什么？"

他回答说："哦，那我肯定会加强锻炼。"

我说："嗯，看起来你已经找准了一个自己珍视的价值。我称它为'自我照料'。如果你真正遵循自我照料的价值生活，你可能会做一些不同的事，比如吃得更健康、加强锻炼身体，是不是？"

他说："是的。"

我说："好的，所以当头脑开始打击你，说你很胖、懒惰、恶心时，你会立刻被它们钩住，是不是？"

他说："是的。"

我说："然后会发生什么？"

他说："我开始抑郁。"

我说："接下来？"

他说："我开始吃垃圾食品。"

我说："是的，换句话说，被那些想法钩住对你按照自我照料的价值生活是没有帮助的。"

他说："对，那些想法确实没有帮助。"

我说："可见，无论你的想法是真还是假，都不是问题。关键在于，被这些想法控制对你不利。所以，你愿意学习从想法中脱钩吗？这样你才能更容易地投入趋向行动，比如健康饮食和锻炼身体。"

他回答："我愿意。"

"有用"相对"真实"

想法无论真假，终究不过是文字。如果它们告诉我们一些有用的事，对我们有帮助，就值得重视；若无裨益，又何必为其烦恼？

假设我在工作中犯了一些严重错误，头脑告诉我"你真无能"，这是头脑在努力提供帮助：为我指出我需要重视的问题。但与此同时，这个想法对我毫无帮助，因为它没有提及改进的方法，它只会让我意志消沉，贬低我是没有用的。反之，我真正需要的是采取行动：改正错误，提升技能或是寻求帮助。

你可能会在判断想法真假上浪费大量的时间，大脑总是一遍又一遍地试图将你拖入到关于真假的辩论中。尽管有时这么做很有用，但绝大多数时候都毫无必要，还会浪费你的大量精力。

更有用的做法是询问自己："这个想法有帮助吗？如果接受它的引导，会让我趋向还是偏离理想的生活？"如果这个想法确有裨益，就充分利用，让它引导我们怎么做；但如果这个想法不能提供有价值的东西，就可以从中脱钩。

"但是，"你很可能问，"如果那个消极想法确实能帮上忙呢？"比如，告诉自己"我很胖"真能激励我减肥呢？这个观点很棒。严苛、评判、自我批评的想法有时确实能够激励我们，但依靠这种激励方式会让我们付出巨大的代价。尽管自我批评的想法有时能够敦促我们行动，但通常都会适得其反，这些想法让我们感到内疚、充满压力、抑郁、挫败和焦虑，常常以让我们丧失斗志和动力收场。

"病态完美主义"描述的就是这种情况，你被"我必须做好，必须实现最佳结果"的想法钩住了。只有当你严格遵守这个规则、努力工作并且获得最佳结果时，你的头脑才会多少感到满意。但假如你一时"懈怠"，头脑就会无情地评判你，给你贴各种标签，迫使你继续做事，继续努力。但是，这会让你付出什么代价？通常，长此以往，你会深陷压力、枯竭或是精疲力竭的境况。

在之后的章节中，我们还会看到更多健康的自我激励方式，有些方法可以改善生活，而不是让生活的乐趣消耗殆尽。目前，我们已经有了定论：自我批评、自我攻击、自我评判、自我贬低和自我责怪的想法在长期内会损害你的生活动力，而不是提升它。因此，每当你的头脑中跳出那些烦人的想法时，不妨问问自己：

- 这个想法是不是老生常谈？我听说过这个想法吗？再次听到，我是否还有收获？
- 如果接受这个想法的引导，我采取的行动能否改善我的生活？
- 如果相信这个想法，我能得到什么？

如果你想知道如何分辨想法是否有用，可以问问自己：假如我听从这个想法的引导……

- 它能帮助我成为理想自我吗？
- 它能帮助我真正投入想要做的事情吗？
- 它能在长期内改善我的生活吗？

如果你的回答有一个或多个"是"，就可以确认这个想法是有益的。（如果答案全是"不"，这个想法明显没用。）

想法和信念

我们怎么知道哪些想法值得相信？这个答案包含三部分。

第一，谨防对信念过于执着。每个人都有自己的信念，但越是紧抓不放，我们的态度和行为就越会失去灵活性。如果你试过和一个绝对自以为是的人辩论，就会领教这么做毫无意义——他们永远看不见和自己不同的观点。我们形容他们僵化、偏执、心胸狭窄、不知变通或是"作茧自缚"。

同时，回溯个人的过往经历，我们也会发现自己的信念在随着时间的推移而发生变化，当初奉为圭臬的信条如今再看可能十分滑稽。比如，曾经的你或许坚信神龙、小精灵、仙女、吸血鬼、女巫、男巫、魔法、圣诞老人、复活节兔子、牙仙女的存在。几乎每个人在成长过程中有关宗教、政治、金钱、家庭或者健康方面的信念都会发生变化。因此，我们当然可以秉持某些信念，但不要执着于这些信念。毕竟，请时刻铭记，一切信念都只是想法（即头脑中的文字）而已，无论它们是真是假。

　　第二，如果这个想法确实有助你创造一种丰富、充实和有意义的生活，那就充分利用它的指导和激励作用。同时，铭记想法的本质：一个故事，一串文字，人类语言的一个片段。所以，你当然可以接受它的引导，但不要执着于它。

　　第三，仔细关注真正发生的事，而不是自动相信头脑说的话。例如，你可能听过"替身综合征"，有些人能够出色高效地完成工作，却坚信自己是个骗子。他们并没有真正看见自己做的事。"替身综合征"的患者认为自己是个冒牌货，一直在佯装内行和招摇撞骗，时刻面临被人"揭穿"的难堪局面。

　　得了"替身综合征"的人，不能充分重视自己的直接经验，注意到自己高效完成工作的明显事实，而是更多关注头脑中的批判声音，"你都不知道在做什么，大家早晚会看穿你在装模作样"。摇滚巨星罗比·威廉姆斯（Robbie Williams）的情况就很典型，他经常被"不能再唱歌"的想法所折磨。

　　刚开始行医那几年，我也是"替身综合征"的受害者。如果我的一位病人说："谢谢您，您真是一位很棒的医生！"我通常会这么想："是的，当然。但如果你知道我的真面目，就不会那么说了。"我很难承受这些溢美之词，因为尽管现实是我工作出色，但头脑却一直告诉我"我很没用"，而我对此深信不疑。

　　每当我在工作中出错，无论是多么微小的错误，我的头脑都会自动闪过"我真无能"这句话。我过去经常为此沮丧，认为它说的千真万确，然后开始自我怀疑，紧张兮兮地反思我看病的过程。我是否误诊了病人的胃痛？错给病人开了抗生素？还是忽略了一些严重情况？

　　有时，我会和想法辩论，宣称出错是人之常情，医生也不例外，何况我从未犯过严重的错误，总体来讲，我的工作很出色。有时，我会回顾自己出色完成的工作任务清单，回想同事和病患给予我的好评。或者，我会重复关于自己很有能力的自我肯定式宣言。但是，这一切都无法真正消除我的那些消极想法，也无法阻止它们对我的干扰。

　　时至今日，我在犯错时，脑海中还是会冒出同样的"我真无能"的想法，但与过往的不同之处在于，我现在很少受到这个想法的干扰。我很清楚那些文字只是一些自动化反应，就好像人在打哈欠时自动闭上眼睛一样。所以，我不会再反思我是否真的无能，而是把重点放在改正错误上，然后继续生活。

事实上，头脑中的绝大多数想法都是不由自主的。当然，我们有时的确可以选择一部分想法，但是，绝大多数的想法都是不请自来。我们的脑海中每一天都上演着成千上万个没用或无益的想法。无论这些想法多么严苛、残酷、愚蠢、邪恶、充满批判、令人生畏或是荒诞不经，我们都完全无法阻止它们冒出来。

但是，它们的出现并不意味着我们必须言听计从。我们可以用浏览社交媒体或是看到网络广告弹出时的心态对待它们，你无法阻止广告弹出，但你可以不点开，也不购买推销的产品。你还可以像对待垃圾邮件一样对待你的想法，一旦你认出它是垃圾邮件，就不必打开阅读。（不幸的是，垃圾邮件可以删除，我们的想法却不能简单删除。但我相信你已经抓住了要点。）

就我个人而言，那个"我很无能"的故事在我成为医生之前就盘踞良久，渗透到我生活中的方方面面，从学习跳舞到使用电脑，只要我犯错，就会引发同样的想法——"我很无能"。当然，有时用词会有些区别。比如换成"白痴""你真没用""你就不能把事做好吗"。但是，这些想法现在已经不是问题，只要我能看清它们的真实本质：脑海中冒出的一点"老旧程序"。

大体来说，我们越是转换注意力投入对生活的直接体验（而不是在头脑中无休止的议论），就越容易去做一些有助于我们过上理想生活的事。（因此，在抛锚结束时会强调将全部注意力投入正在做的事，稍后还会继续发展这个能力。）

继续阅读前，先来试试另外三种从想法中脱钩的技巧。

第四种技巧：感谢头脑

这是一种最简单的脱钩技巧。当你的头脑又冒出老生常谈且毫无帮助的故事时，你就可以怀着一点幽默感和玩耍的心态……感谢它。不妨默默对自己说，"谢谢你，头脑！为我提供了这么丰富的信息"，或是说，"感谢分享""真的吗？那太有意思了"，或是一语带过，"谢谢，头脑"。我在使用这个方法时，脑海中是这样的情况：

我的头脑：你真没用！

我：谢谢，头脑。

我的头脑：你可以使用那个脱钩技巧，但你还是很没用！

我：谢谢，头脑。谢谢分享。

我的头脑：你认为有那个技巧就很聪明，但你其实就是个失败者。

我：谢谢，头脑。我很感谢你的反馈。我知道你很想和我聊，但很抱歉，我还有别的事。

感谢头脑时，请不要用一种冷嘲热讽或盛气凌人的姿态，因为这很容易导致我们和想法产生冲突（就好像嘲讽和攻击会让我们卷入人际冲突一样）。我们希望发展一种温和、轻松和幽默的态度，一边玩一边做练习。

你可以通过很多方式调整"感谢头脑"这个技巧。例如，将它和"为故事命名"结合使用，"哦，是的，这是那个'我是失败者'的故事，谢谢你，头脑"，还可以承认头脑的良苦用心，"谢谢你，头脑。我知道你想努力帮忙，但情况还好，我能应付得来"。（如果不喜欢"感谢"这部分，就只承认"哦，头脑就是这样，它想要提供帮助"。）

第五种技巧：玩文字游戏

如果你擅长视觉化，就可以通过想象完成练习，假如你不擅此道（就像我这样），那你可以在电脑或智能手机上做练习：把你的想法在 PPT 或者笔记上描述出来，也可以选择一款能够写字画图的小程序来完成。

选择一个经常钩住你的想法，让这个想法以短句的形式出现（不超过

10 个字），然后用 10 秒的时间，让它钩住你，对想法信以为真，深陷其中，尽量被这个想法钩住。

　　现在，想象这个想法以一串黑色文字的形式出现在电脑屏幕上（也可以真正把想法在电子设备上展示出来）。

　　现在，不需要改变文字，只就文字格式来做游戏。

　　首先，把这些文字分开，在文字中间保留很大的空隙。

　　　　　我　　　　　　　　没　　　　　　　　用

接下来，把这些文字连起来，中间不要空格。

　　　　　　　我没用

　　现在，让这些文字恢复原状（正常格式，黑色字体）。然后，将文字变换成不同颜色，注意发生了什么。（例如，你可能发现自己很容易被亮红色的文字钩住，而淡粉色能够帮你脱钩。）至少尝试三种颜色。

　　现在，调整字体，用意大利字体或是其他时尚字体呈现这些文字。

　　　　　　　我没用

　　然后，将这些文字调整为童书封面上常用的一种大大的、活泼的字体。

　　　　　　　我没用

　　现在，将这些文字恢复成原来的普通黑色字体，然后让这些文字富有动感：让它们上下跳动，呈现得很活泼，或是旋转起来。

　　现在，再次将这些文字恢复原状，想象它们是卡拉 OK 字幕球的形式，从一个字跳到另一个字。（如果你喜欢，还可以聆听它被用《生日快乐歌》的旋律唱出来。）

　　嗯，发生了什么？你是否感觉和想法拉开了一些距离，不再那么紧贴着了？想法的影响力是不是有所减轻？

第六种技巧：可笑的声音

这种技巧尤其适合反复出现的严苛的自我评判。请先找到一个经常钩住你的自我评判的想法，用 10 秒的时间，尽量对它深信不疑并被它钩住。

接下来，选择一个有着一种幽默的声音的活泼的卡通人物，比如米老鼠、兔八哥、怪物史莱克、海绵宝宝、荷马·辛普森等。现在，默默地再次播放那个自我评判的声音，但这一次"听"到它从卡通人物的嘴里说出来。看看这样做会发生什么。

现在，让这个想法恢复原貌，继续用 10 秒的时间让它钩住你。（你可能会发现自己现在不那么容易被它钩住了）。

接下来，选择一部电影或是电视剧的主人公，比如达斯·维德、尤达大师、咕噜之类的角色，还可以选择你最喜欢的情景喜剧的角色，或是声线很有特色的演员，比如阿诺德·施瓦辛格（Arnold Schwarzenegger）、克里斯·洛克（Chris Rock）、艾伦·德詹尼丝（Ellen DeGeneres）和贾达·萍克特·斯密斯（Jada Pinkett Smith）。然后，再一次播放想法，"听见"它用新的声音说出来，看看发生了什么。

现在，再试一遍，使用你觉得有助脱钩的声音，这个声音可能来自某位政治家、体育评论员、新闻播音员、世界领袖、一个语气非常粗暴的人，等等，注意发生了什么。

你还可以下载能改变声音的小程序到智能手机，这类小程序很多都是免费的，工作方式都很类似。你先录下自己的声音，然后小程序会帮你调整声音，比如让你的声音听起来像是个机器人、幽灵或花栗鼠。你需要做的是大声说出你的想法，输入小程序，然后它就会输出几种不同的声音。

进展如何？截至目前，我猜你被那个想法钩住的程度已经减轻了很多。（实际上，尽管练习的目的并不是让你感觉良好，但很多人发现自己在做这个练习时会咧嘴大笑或轻声微笑。）同时，你会发现自己完全不再和想法搏斗：你不再竭力改变和消除想法，不再和想法争辩，不再推开想法，也不再分辨想法的真假，不再用一种积极想法取而代之或是分散对想法的注意力。你已经能够如实地看待想法，它们只是一些语言片段。通过"拿起"那个语言片段，听见它用不同的声音呈现，你就更会发现，它只是一串文字罢了，因此，它也就威力顿失。

有些人不喜欢可笑声音的技巧，感觉这样做似乎对那些很严肃的事情有轻慢之嫌。如果你对这个技巧或是其他技巧有这种感觉，就不要再使用它们。脱钩并不是轻视真正的生活难题，而是为了让我们从头脑的压迫中解脱，从而释放我们的时间、精力和注意力，以便投入真正有意义的活动（而不是无效地陷入想法不能自拔）。

简娜患有慢性抑郁，她发现这种方法特别有用。在她的成长过程中，她的妈妈经常用言语虐待她，总是批评和羞辱她。这些原本来自妈妈的羞辱之声，现在变成了她脑海中反复出现的负面想法："你很胖""你很丑""你很愚蠢""你永远都不会有所成就……没人喜欢你"。在我们的会谈过程中，每当她的头脑中出现这些想法时，她就常常痛哭。她花了多年时间（以及数千美元）接受心理治疗，试图摆脱这些想法，但都无济于事。

简娜是英国"蒙迪·派森喜剧团"的超级粉丝，于是，她做这个练习时挑选的角色就来自该剧团最著名的电影《布莱恩的一生》(*The Life of Brian*)。电影中，布莱恩的妈妈由男演员特瑞·琼斯（Terry Jones）扮演，她总是用特别滑稽可笑、扭捏造作的尖叫高音批评布莱恩。当简娜"听见"她的想法由这个尖叫的老妇人的声音说出时，她就很难再把那些想法当真了。尽管想法并没有立即消失，却威力顿失，这帮助她缓解了抑郁的情绪。

如果想法是真实而严重的

如果一个想法既真实又严重，怎么办？我的来访者阿米娜患有严重的心肌炎（心脏病），她渴望接受心脏移植手术，否则很快就会香消玉殒。她说自己无法专心做事，整天都陷入焦虑想法的迷雾。这些想法都是真实而严重的，涉及她的心脏状况、获得器官捐赠的机会、手术风险、死亡概率和撰写遗嘱的重要性，等等。这里的关键在于，当她完全被这些想法钩住，就会错失生活，她难以再和所爱的人共度当下时光，她无法专心欣赏喜欢的电影、书籍和音乐。于是，我满怀慈悲地聆听她的诉说，认可她所有的恐惧都很自然，教她练习抛锚。然后，我们谈到了"为故事命名"，她把自己的那些想法命名为"时间不多了"的故事。

她同意每当脑海中出现这个"时间不多了"的故事时，就练习注意和命名，并且转而向头脑道谢，可以说："谢谢你，头脑。我知道你正在努力帮助我应对疾病，希望我能最充分地利用所剩无多的时间。放心吧，我应付得来。"如果这么做没有帮助，她就可以抛锚，并且再次集中注意力。

一周后的会谈中，她已经更擅长从那些想法中脱钩。她仍然百分之百地相信那些想法，认为那些想法没说错，那些想法皆事实。不过，她现在已经能够注意和命名想法，允许它们自由来去，不会再被想法钩住。（当然，不是每个人的练习效果都这么明显，如果你做过很多练习后还是被想法钩住，就需要试试其他方法，比如第18章提到的一些方法。）

有趣的是，当我们从想法中脱钩时，它们的可信度往往会降低，但这不是目的。我们最感兴趣的不是想法的真假对错，而是以下问题：这个想法是否对你有用？它能否帮你充分利用生活？如果接受它的引导，你能否过上理想的生活？

创造你的脱钩技巧

到目前为止，我们介绍的技巧就像是小孩子在游泳池里使用的充气臂圈：一旦你学会游泳，就不再需要它们。接下来，你在脱钩时就不再需要刻意使用这些方法。（不过，在继续前行的过程中，你有时还需要从心理工具箱中拿出它们。）同时，在继续使用"充气臂圈"时，你为什么不创造一些自己的脱钩技巧？这会令你感到乐趣无穷。

你需要做的就是把你的想法置于一种全新的语境，让自己"看到"或"听见"它，或是既看见又听见。你可以将想法视觉化，仿佛它们是墙上的涂鸦、海报的图案、漫画里超级英雄的胸章、树干上的雕刻、飞机拖拽的横幅标语、影星手臂上的文身。你可以把想法想象成一条短信、一封垃圾邮件或是一则自动弹出的广告。你也可以用绘画、涂色或雕刻的方式呈现你的想法，或是想象想法在起舞、跳跃和旋转，如同字幕沿着屏幕移动。你还可以想象在广播里"听见"你的想法，听见一个机器人说出你的想法，听见一个摇滚明星唱出你的想法。请尽情发挥你的创造力！

铭记四件事

练习脱钩时，请铭记以下四点：

（1）脱钩的目的不是要消除令人不快的想法，而是要看清它们的本质只是文字，并放弃和想法的搏斗。想法有时很快消失，有时不会消失。

（2）通常，从一个麻烦的想法中脱钩会令你感觉更好，但这是一种有益的副产品，而不是练习的主要目的。脱钩的初衷是把你从想法的暴政中解救出来，以便你能够将时间、精力和注意力投入更重要的事。如果脱钩让你感觉良好，就尽情享受，但不要期待这种好的感觉。

（3）记得你只是一个普通人，所以你会多次忘记这些新技能。这不是问题，每当发现被钩住，即便已经过了几个小时，你还是可以立刻使用脱钩技巧。

（4）不存在肯定成功的技巧。有时，你尝试这些方法发现毫无帮助，就请回到抛锚练习。应用 ACE 公式，承认想法和感觉，联结身体，投入正在做的事。

开始实践

本章和上一章介绍了"我有一个想法是……""我的头脑对我说……""为故事命名""为过程命名""为想法配乐""感谢头脑""玩文字游戏""可笑的声音"等脱钩技巧，也提到了如何创造自己专属的脱钩技巧。所以，你可以选择最喜欢的方法并投身实践（如果你很难决定最喜欢什么，扔硬币也行）。接下来，每天尽量多用这些方法。如果某种方法不管用，就换一种试试。我通常推荐你按照下面的顺序练习脱钩，但你可以根据需要自行调整，多多尝试，以便发现最适合你的方法。

（1）首先，留意和命名钩住你的东西（例如，为故事命名、为过程命名、感谢头脑，也可以使用"我注意到……"等短语）。

（2）如果还是被想法钩住，你可以使用一种玩耍技巧（为想法配乐、使用可笑的声音、玩文字游戏）。

（3）如果完成上面这些步骤后还是被想法钩住，你可以练习抛锚。

接下来，我的重要提示是：从现在开始，你将在每一章学习一些新技能，如果你每天都最大限度地尝试做全部练习，肯定会不堪重负。因此，请你保持灵活，对每种方法做出调试。例如，你可以安排每周每天练习不同的技巧。每天专门留出至少 5 分钟用于练习新技能，这是最理想的，如果这么做不现实，可以考虑每 2 ～ 3 天（或是 4 ～ 5 天）练习一次。我们需要就这样一天接着一天、一周接着一周、一个月接着一个月地轮流练习这些脱钩技巧。

同时也请记得，这些技能大多都可以融入生活，而不需要专门费时练习。你不是必须"停下生活"做练习，而是可以将练习变成生活的一部分。

最后提示：这些练习都不是"速成"之法，随着时间的推移，你越多地使用新技能，就越会体验到深刻的改变，但这非常需要耐心和毅力。因此，请你放慢速度，根据自己的时间，将这些练习融入日常生活，注意发生了什么。

答疑解惑

想法并没有离开

脱钩并不是为了消除想法，而是为了看清想法的本质，与它们和平共处，允许想法存在于你的世界，而不和它们搏斗。有时，它们会迅速离开；有时，它们会徘徊逗留；有时，它们离开后又折返，就在你最不想要它们回来的时候。

我没有感觉更好

如果你使用这些技巧是为了控制情绪，你很快就会失望。这些技巧的初衷并不是让你感觉更好。（如果你不清楚这点，请返回前面的内容，再次做"把想法当成手"的实验。）事实上，脱钩通常会减轻不快的感觉，但那是额外收获，而不是主要目的。

我被钩住得更严重了

这通常意味着你选择的技巧并不适合你。在这种情况下，你可以换个技巧试试。有时，你需要相当多的努力才能找到最适合自己的方法。如果所有脱钩技巧都不管用，就练习抛锚。

但我并不喜欢这些想法！我就想要它们走开

你完全不必为了放下和想法的搏斗就喜欢那些想法，想要消除想法很正常。事实上，我们都希望它们消失。但是，想要消除某些东西和真正积极地和它们搏斗是很不同的。例如，假设你有一辆不想要的旧车，但接下来至少一个月都没有出售机会。你可以想着消除它，同时承认你还拥有它，允许它继续待在车库，不用和它搏斗。你不必努力砸坏它，或是把自己搞得惨兮兮，因为这辆车而在每晚烂醉如泥。所以，假如你发现自己在和一个想法搏斗（我们都经常这么做），只是注意到即可。你可以扮作一位好奇的科学家，自我观察，留意你和想法搏斗的各种方式。

The
Happiness
Trap

第 8 章　可怕的画面和痛苦的回忆

坐在我面前的洛克茜瑟瑟发抖，表情凝重，脸色苍白，泪眼婆娑。

我问："医生的诊断怎么说？"

她轻声回答："多发性硬化症。"

洛克茜时年 32 岁，是一位非常敬业的律师。有一天，她在工作时突然感觉左腿有些无力和发麻，数日后被诊断为多发性硬化症（multiple sclerosis，MS）。MS 是一种会引发各种生理问题的神经退化性疾病。最理想的情况下，患者可能只是感到短暂的神经紊乱，很快就能完全恢复；在最糟糕的情形下，疾病会逐渐恶化，导致神经系统功能退化，直至全身瘫痪。医生也无法准确预测每位患者的病情进展。

毫无疑问，洛克茜被这个诊断吓坏了。她的脑海中一直闪现着自己坐着轮椅、身姿扭曲、嘴歪眼斜、口水直流的画面。每当这幅画面在脑海中闪现，她就感到万分惊恐。她也尝试过老套的自我劝慰，"不用担心，最糟糕的情况不会发生在我身上""我会有好运气，船到桥头自然直""成天担心这些可能永远都不会发生的事有什么用"……其实，她的亲朋好友和医生对她的劝慰也都大同小异。但是，这些做法真的能消除那些可怕的画面吗？似乎毫无效果。

洛克茜发现，她有时能转移对这个画面的注意力，或是将画面从脑海中推开，但它们不会离开很久，还会变本加厉地回来打扰她。这正是一种常用却无效的搏斗策略，即"压抑想法"：主动将令人沮丧的想法或画面从头脑中排挤出去。例如，每次出现不想要的认知内容时，你会对自己说"别再想了"或者"快停下来"，你还可以在手腕处拴上橡皮筋，用它弹一下手腕来提醒自己别再想了，或是在内心驱逐这些认知内容。研究表明，这些做法通常能在短期内帮你摆脱痛苦的想法或画面，但它们会很快反弹，卷土重来的消极思维在数量和程度上都愈演愈烈。

不幸的是，我们每个人都会很自然地压抑想法，相关研究的结论非常清晰：这么做在短期内确实能够赶走痛苦的想法、回忆或画面，但在长期内会出现反弹，痛苦的思维内容折返之后的频率和程度都将更加严重。

这种现象在创伤后应激障碍的极端案例中也会出现。对这些患者来说，有关创伤事件（例如，强奸、暴力、性虐待）的恐怖记忆会反复出现，伴随着痛苦的情绪。很多人发现他们可以通过分散注意力、酗酒或其他常用方法在短期内驱逐那些回忆，但它们在长期内会出现报复性反弹。

我们大多数人除了容易被创伤钩住，还很容易被有关未来的可怕画面和有关过去的痛苦回忆钩住。（实际上，我们通过五种感官存储记忆——视觉、听觉、嗅觉、味觉和触觉——本章重点关注视觉部分。）你是不是经常会"看见自己"未来的失败、被拒、逐渐虚弱、走向死亡、做坏事或陷入麻烦？你会花多少时间沉溺或回放过去的痛苦事件？如果你和我类似，那你的回答大概是"经常如此，会花很多很多时间"。

（注意，大约有 10% 的人很难"视觉化"或是"以画面形式思考"。如果你也这样，可以不看本章内容，当然也可以读读，这样当你所爱的人被心理画面钩住时，你就能够更好地给予对方理解和支持。也请了解，我在本书中使用"画面"这个词时，你都不是必须"看见"心理意象，而是也可以用文字、概念和想法的形式展开想象。)

你的头脑创造这些认知产物，因为它在努力确保你的安全："凡事预则立""不要重蹈覆辙""保护好自己""安全第一"。头脑的运作正是遵循"安全第一"的原则，它永远不会放弃为你保驾护航的头号任务。因此，令人不快或害怕的画面和回忆将会反复出现，尤其当我们面临重大挑战时。如果用服从或搏斗方式回应这些认知内容，就会浪费很多宝贵的时间和精力。更有甚者，如果我们被极其恐怖的认知内容钩住，可能会被吓得动弹不得。

例如，很多人回避坐飞机、公开演讲或社交活动，因为他们被"情况会很糟糕"的可怕画面钩住了。同样，如果你被曾经受伤害或遭受虐待的痛苦回忆钩住，可能会吓得不敢进入崭新和健康的人际关系。

当我们被画面或回忆钩住时：

- ⊛ 对这些画面投以全部注意力（很难再注意其他事）。
- ⊛ 对它们的反应就好像它们描绘的事件发生在此时此地。
- ⊛ 将它们视为威胁，认为我们需要回避和消除它们。

相反，我们没有被画面或回忆钩住时：

- ⊛ 认清这些心理意象只是一些画面。
- ⊛ 只有当它们真正有用时才注意它们。

当我们从意象和回忆中脱钩时：

- ⊛ 认清它们的真实本质是脑海中的画面。
- ⊛ 只有当它们真正有用时，才投入全部注意力。
- ⊛ 认清画面和回忆无论多么令人不快，都不会构成真正的威胁。它们可能激发不快情绪，但无法真正伤害我们。

当然，这些令人烦恼的认知内容也会伴随着令人不快的情绪、冲动和身体感受，我们稍后来看看如何处理这些感觉。现在，我们先探索如何从画面和回忆中脱钩。

从画面和回忆中脱钩的开始步骤

你已经学到了很多从"头脑文字"中脱钩的方法，而从画面和回忆中脱钩的方法也很类似。通常，注意和命名就足够了："现在，我脑海里的画面是……""我注意到一份回忆是……""我现在想象的未来是……""我现在重演的过去是……"。

不过，针对恐怖的画面或真正可怕的回忆，最好还是使用抛锚技巧。多练习几轮 ACE（承认画面、回忆和伴随的感觉，联结身体，投入正在做的事）更容易脱钩。

继续前进

现在让我们继续学习一些技巧，来帮助认清这些认知内容的真实本质：一些无害的心理画面。认清之后，我们就能允许它们自由来去，放下搏斗和评判，也不用竭力回避。

要点提示：针对痛苦的记忆，比如自己失败、挫败、被拒绝、被羞辱或是做了后悔之事的时刻，多用玩耍技巧更有帮助。但是，玩耍技巧并不适合真正恐怖的记忆。如果你被创伤性记忆所折磨，请不要使用以下方法，而是用持续注意、命名和抛锚的方法。

再次提示：你可以将这些练习当成实验，真正保持好奇，看看会发生什么。如果你不能练习某个技巧，或是它不管用，就承认你的失望，然后换一个技巧试试。每次做实验时，先阅读指导语，然后在脑海中邀请一个令人烦恼的画面或记忆。如果这个画面是活动的，可以将它剪辑成 10 秒的"小视频"。然后，把书放下，尝试以下方法，感觉某个方法不适合你时可以跳过。

电视屏幕

邀请一个困难的画面或是回忆到你的脑海中，注意它对你产生的影响。现在，想象房间对面墙上悬挂着一个小型电视屏幕，将你头脑中的画面投射到屏幕上。然后，练习和这个画面玩耍：将之颠来倒去，不停旋转或往两边拉伸。

如果它是一段小视频，可以在想象中慢速播放、双倍快进和快进倒带。

将画面的色彩调暗，直到变成黑白画面。

将画面的色彩调亮，直到极其刺眼和恐怖。

这么做并不是为了消除画面或回忆，而是如实看清其本质：一帧毫无害处的图片。你可能需要 10 秒到 1 分钟完成这个练习。如果你做完练习还是感觉被钩住，就试试下面的方法。

字幕

请想象你的认知内容出现在电视屏幕上，而且还配有字幕。例如，你可以给自己失败的画面配上字幕："那个'失败者'的故事"。喜欢的话，还可以给它配上幽默的字幕，类似"得嘞，重来吧"（只要不带轻视就行）。如果你做了 30 秒还是没能脱钩，就试试下面的方法。

配乐

请继续将认知内容投影在屏幕上，为它配上背景音乐。用不同旋律做实验：爵士、嘻哈、古典、摇滚或是你最喜欢的电影主题音乐。如果这么做之后还是被钩住，就试试下面的方法。

转移定位

在想象中，将认知内容转移到各种不同位置。每次转移前，先在当前位置上保持 20 秒，然后再转移到新位置。

想象将这个画面印在一位慢跑者或明星的 T 恤上。

看见这个画面印在户外帐篷上，印在航天飞机迎风飘起的旗帜上。

想象它是一幅巨大的广告画，是一页杂志照片，或是某人后背上的文身。

想象它是电脑开机后弹出的窗口，是某个少年卧室床头贴的海报。

想象它是一帧邮票图案，或是漫画书的精彩一页。

请充分遨游在想象的世界，不必设限。如果你完成上述练习后还是发现自己被钩住，我建议你每天至少花 5 分钟做一遍上述部分或全部练习。起初，为了练习脱钩，我们需要将注意力放在这些画面上，但我们最终的目的是让这些画面自由来去，不再关注它们——就当它们是背景中开着的电视机，我们无须观看。

我建议洛克茜每天做练习，她坚持了不到一周，就不再那么受到那幅轮椅画面的困扰了。画面还是会不时出现，但她已经不那么害怕了，她能够允许画面自由来去，自己专注做重要的事。很有意思的是，她越是不再努力推开画面，那幅画面反而越少出现。她并不是刻意减少画面的出现，这种效果常常是令人愉快的副作用。

暴　　露

在心理学领域，我们用"暴露"这个专业术语形容你刚才做的事。（我们平常会说"面对恐惧"或"离开舒适区"之类的。）暴露意味着你需要刻意接触令你感到困难的事物，从而学习更多有效的回应技巧。这些困难的事物可能来自外界（人、地方、场景、活动、事件），也可能来自你的内在（想法、情绪、回忆等）。

暴露技术本身就是整个心理学领域最强有力的干预方法之一，对人类行为的影响效果也最显著。本书讨论的内容都多少和暴露相关。例如，目前提到的所有脱钩技巧，从抛锚、命名到感谢头脑，都包括刻意接触内在的困难体验（比如不想要的想法和感觉），这样你才能学习更有效的回应方式。

我们再来看看"神经可塑性"的概念，暴露能让你在旧的神经回路上铺设新的神经回路。每当旧的神经回路激活时，痛苦的想法和感觉就再次出现，而如果你能用新学的技巧和脱钩回应它们，就能激活新的神经回路。

现在又到了我要说"车轱辘话"的时候：每当你练习这些技巧时，令人不快的画面或回忆通常会消失或是减少出现，这会让你感觉更好。但是，这些结果只是额外的奖励，而不是练习的初衷。感觉更好就尽情享受，但不要把它作为主要意图，否则你很快就会失望。（如果你觉得我很唠叨，那真抱歉，不过很多人的确发现他们很难真正内化这些理念。）再次明确：脱钩的目的是让你获得自由，从而投入趋向行动并专注做重要的事。（如果你还是不明白，不妨回去再做一做"把想法当成手"的实验。）

如果你合适地应用这些技巧，它们不仅能帮你跳出幸福的陷阱，还能帮你欣赏生活这个舞台。

第 9 章　生活的舞台秀

　　生活就像一场舞台秀，其间上演的是我们全部的想法和感觉，还有你能看见、听到、触摸、品尝和嗅闻的一切。而且，这个舞台秀时时刻刻都在变化。有时，舞台上的演出绝对精彩；有时，舞台上的演出非常恐怖。而你总是有一部分自我能够退后一步，欣赏演出，你可以放大舞台秀的局部，从而探究细节，或是缩小舞台秀，从而俯瞰整幅图景。你的那部分自我一直都在场，一直在观察。

　　我没有找到形容那部分自我的日常用语，我比较喜欢称它为"观察性自我"（noticing self）。同时，你还有一部分自我可被称为"思考性自我"（thinking self），这部分自我负责思考、计划、判断、比较、创造、想象、视觉化、分析、回忆、幻想和做白日梦。我使用"头脑"这个词时，通常是指"思考性自我"，而不是"观察性自我"。记住这点很重要，因为我们平常说的"头脑"通常包含"思考性自我"和"观察性自我"这两部分，并不会特别区分。

"观察性自我"和"思考性自我"有着根本不同。首先,"观察性自我"并不思考,它负责观察。(有人称它为"沉默的自我"或是"沉默的见证者",因为它从来都不吱声;或是称为"注意性自我",因为它总是默默注意。)这部分自我主要负责聚焦、注意和觉知。它能注意想法,但不能创造想法。"思考性自我"思考你的体验(描述、评论、分析、比较或是判断你的体验),而"观察性自我"直接注意你的体验。

例如,假设你正在打棒球、板球或者网球,你全然投入其中,全部注意力都深深投注于向你飞来的球,这就是你的观察性自我正在工作。你并不是在"思考"飞来的球,而是在注意它。

现在,假设你的脑海中冒出一些想法,"我希望我能努力接住球""我想更好地击球""哇,那个球移动速度好快",这就是你的"思考性自我"正在工作。这些想法通常会很自然地让你分心,如果过于注意它们,你就很难专注于飞来的球,这将影响你的成绩。(你是不是经常在专注做事时因为一个想法就分心,比如"我希望别搞砸这件事"?)

"思考性自我"和"观察性自我"

请闭上双眼一分钟,注意你的头脑在做什么。注意一切想法或意象,仿佛你是一位野外摄影家,正在小心翼翼地等待某种珍稀动物蹿出丛林。假如脑海中还没有出现想法和意象,就继续注视,我保证它们迟早会现身。(你的头脑可能说,"我没有什么想法""我做不到""这么做没用"——这些都很自然,它们也只是一些想法。)闭上眼睛的同时,你能"看见"空旷的黑色空间。每当想法或是意象跳出来,留意它们在空间中的位置:它们是在你的前方、上方、后方,还是在你旁边或体内。

❋　❋　❋

它们是移动的还是静止的?

如果它们在移动，它们的速度和方向是怎样的？

除了"看见"，你也可以选择"听见"想法，想法有点像是头脑中的声音，请注意，那个声音出现在什么位置？

那个声音是在你脑袋的上面还是下面，前面还是后面？

那个声音是吵闹还是温和，语速是快还是慢？

当你用一分钟左右做完练习后，请睁开眼睛。这就是完整的练习，请再次阅读指导语，然后把书放下，进行练习。

希望你能体验到两种不同且相互交织的过程。"思考性自我"负责生产想法或意象（通常也会评论你的体验，"我做得对吗""我本来还应该注意什么"），"观察性自我"负责注意出现的所有想法和意象（包括所有的评论）。

在所有"注意和命名"的练习中，你的"观察性自我"都负责注意认知内容，而你的"思考性自我"则负责为它们命名。这种思考过程和注意过程之间的区别很重要，因此，请再一次练习。闭上双眼大约一分钟，留意出现的想法或意象（包括评论），留意它们看起来在什么位置。

希望这个实验能够帮助你和你的认知内容有所"分离"：想法和意象出现之后又消失了，而你能够注意它们的来来去去。换言之，你的"思考性自我"生产了一些认知内容，而你的"观察性自我"留意到了它们的行踪。

我们的"思考性自我"有点像收音机，持续播放背景音乐。大多数时候，它播出的内容都是关于厄运和忧郁的，全天 24 小时连续播放消极的剧情。它在提醒我们过去的痛苦，警告我们未来的危险，为我们定期更新有关自己、他人、生活、宇宙以及每件事中"不对劲"的消息。有时，它也会播放一些有用和令人鼓舞的内容，但这远远低于播放消极内容的频率。因此，如果你持续收听这台收音机，专心听信它播放的内容，肯定会感到压力重重和痛苦不堪。

不幸的是，我们还不能关掉这台收音机。即便是专家也无法实现这一"壮举"。有时，这台收音机可能会暂时停播，但我们无法刻意让它停播

（除非使用药物、酒精或是脑外科手术让它"短路"）。事实上，总的来说，我们越是努力叫停它，它的音量就越大。不过，我们还有其他选择。你是否有过这样的体验，环境中播放着背景音乐，而你完全专注于做手中的事情，很难注意到背景音乐？你能听见背景音，但很难分散注意力给它。我希望你也能这样处理你的认知内容：能够认清这些东西本质上是脑海中的文字和图片，将它们当作背景噪声对待即可——允许它们自由来去，不用特别留意。如果脑海中弹出一个没有帮助的想法，不用管它，承认它的出现，允许它待在那里，转而集中注意力做手中的事情。

换言之：

如果"思考性自我"正在播放一些没有帮助的事情，我们最好把那些声音当成背景音，然后集中注意力投入此时此刻正在做的事。

如果"思考性自我"正在播放一些有用或有益的事情，我们就沉浸其中，多加留意和利用这些想法。

悲观失望电台和幸福快乐电台

我提出的建议和积极思考截然不同，积极思考就像是在房间里放置第二台收音机，将它调到另一个频道（类似是幸福快乐的频道或是逻辑理性的频道），并把这台收音机放在第一台收音机旁边，希望它的声音能够盖过之前的声音。在这种情况下，其实你很难集中注意力做手里的事，因为有两台收音机在背景中同时播放两个频道。

请注意，假如我们允许背景音乐播放但并不那么在意它，这么做和努力忽略背景音完全不同。你有过这样的经历吗？在某处听到背景音乐时努力忽略它？努力忽略餐馆里面嘈杂的声音？努力忽略街道拉响的警笛声？你在那样做时，发生了什么？是不是你越努力忽略或不听，那些声音就越会打扰你？

因此，有效的方法是：允许想法在背景中自由来去，同时将注意力投入正在做的事。设想你处在社交场合，头脑说，"我很烦！我没什么可说的，我想回家"，如果你专注于这些想法，就很难开始和他人交谈。类似地，假设你正在学开车，而你的"思考性自我"说，"我学不会，这太难了，我就要撞着了"，如果你专注于这些想法而不是路况，就很难开好车。因此，接下来的技巧会教授你如何在让想法"经过"的同时集中注意力投入手中的事。请先阅读指导语，然后试一试。

10 次缓慢的呼吸

在这个实验中，重点是尽可能缓慢而轻柔地呼吸。如果呼吸过快、太深或太用力，你可能会感到头昏眼花、身体发麻和焦虑（这类反应很少出现，如果恰巧碰到，请你一定要持续放慢呼吸速度。）尽量浅浅地、温柔地呼吸，不要做深呼吸，否则会加重头晕。假如你照做之后还是感到不适，就请放弃这个技巧，看看本章结尾是否有其他练习适合你。

- 调整到舒服的姿势，闭上眼睛或是注视前方某个固定的地方。
- 进行 10 次缓慢轻柔的呼吸。
- 每次呼吸时，先是充分地呼气，清空肺部，持续 3 秒或是更长时间。
- 当肺部清空后，再轻柔地吸气。
- 感觉肺部很舒服地充满空气时，坚持屏住呼吸 3 秒。
- 然后，至少用 3 秒再次缓慢地呼气。
- 注意胸腔的起伏和进出肺部的空气。
- 注意空气流入的感受：胸腔的升起、肩膀的抬升和肺部的扩张。
- 注意空气流出的感受：胸部的降落、肩膀的下沉和空气离开鼻孔的感受。
- 专注于肺部彻底清空时的感受，轻轻排出最后一丝空气，感觉肺部的收缩。
- 然后，再次吸气之前，暂停 3 秒。
- 缓慢而轻柔地吸气，注意腹部的变化和胸部的扩张。

❀ 同时，允许脑海中的想法和意象在背景中自由来去，仿佛是经过你门前的汽车。（你不需要冲出门阻断交通，允许车辆自由来去就行。）

❀ 每当出现一个新的认知，就承认它的存在，仿佛对一个经过的摩托车手点头示意。默默对自己说"这是一个认知"，可能很有帮助。

❀ 与此同时，继续注意呼吸，感受空气进出肺部的节奏。

❀ 你会经常被想法钩住，被带离练习，脱离轨道。每当发现这一点，就承认它的发生。默默对自己说"我被钩住了"，承认钩住你的想法。然后，轻柔地把注意力再次带回呼吸。

请再次通读指导语，然后把书放下，开始练习。

你做得怎么样？大多数人会被想法钩住很多次，这完全正常，我们都会在每一天里反复被想法钩住。我们在这一刻很专注，下一刻就被头脑钩住，注意力就被带跑了。如果你能规律地练习，将会掌握三种重要的技能。

（1）如何让你的想法自由来去，既不服从也不搏斗。（更不会"赶走想法"或是"清空头脑"。你的初衷是允许想法自由来去，它们自己说了算。）

（2）如何在专注一项任务或活动时发现注意力的游移。

（3）如何轻柔地从"把你带离任务"的想法中脱钩，再次集中注意力做手里的事。

和抛锚技巧一样，我们随时随地都可以练习"10次缓慢的呼吸"，练习多多益善。我鼓励你每一天都经常练习：等红灯时、排队时、等接电话时、等待约会对象时、看电视遇到广告时，甚至是躺在床上时，你都可以练习。你完全可以忙中偷闲地随时练习。（假如没时间做10次呼吸，3～4次也行。）还需要记住一点，你在练习过程中无论多少次被钩住都无妨，每当发现就可以脱钩，恰好可以锻炼极有价值的脱钩技能。

和之前一样，你需要放下期待，真正将这个练习当成实验，留意效果。很多人在练习后都感觉放松或平静，但放松和平静并不是这个练习的初衷，而只是愉快的奖励。有时，练习让人感到无聊、挫败甚至焦虑。因此，感觉放松平静时就自然地享受，但不要以获得这些感觉作为练习意图。

准备好迎接挑战了吗

准备好迎接挑战了吗？锻炼上述技能时，你可以利用一些很有帮助的资源。

除了上述提到的简版练习，你还可以再用两个 5 分钟做专注呼吸的练习。例如，早上用 5 分钟，午休时再用 5 分钟。如果你真想好好休息片刻，不妨做一个 15 分钟的练习。

专注呼吸练习的替代方案

有些人不喜欢目前这些专注呼吸的练习，要么是因为这些练习令他们头昏脑涨、焦虑不安或很烦，要么是因为他们觉得这些练习很无聊。如果你也是这样，请不要担心，你还有很多选择。

请记住，这个练习的目的是：

（1）训练我们集中注意力的能力——在注意力游移时迅速回来。

（2）将想法当成背景音乐，允许它们自由来去。

这么做的两个主要原因是：

（1）我们在全然投入做事时会感到更加满意。

（2）我们在集中注意力时（相对于分散注意力、不投入、"走神"或"迷失在想法中"来说），能够更好地处理挑战和完成复杂任务。

好消息是，我们几乎能够利用一切任务或活动发展这些技能，这里先提出三条建议，之后还有更多。

专注行走

行走 5 分钟，尽量激发自己强烈的好奇心，真正注意周围的事物。留意你能看见、听到、触摸、品尝和嗅闻的一切事物。

仿佛你是一个好奇的孩子，之前从没遇见过这些事物，带着那种感觉去留意。

与此同时，将纷繁的想法当成在背景中播放的收音机，不用努力忽略那些声音或是叫停它们。

在行走时，持续留意周围的世界。

你会经常被想法钩住，脱离练习轨道。当你发现时，承认钩住你的想法，然后再次把注意力带回行走。

专注身体

第 17 章提供了一个"身体扫描"练习，引导你从脚趾到头部缓慢地扫描身体，专注在这个过程中的身体感受。现在，你就可以跳到第 17 章试试，如果你更喜欢它，就多做这个练习。

专注伸展

另外一个选择是专注伸展。你需要掌握至少几种基本的身体拉伸姿势。（如果不了解，你可以搜索"基本拉伸动作"。如果你不能下床，可以搜索"卧床拉伸"。）选择 2～3 种拉伸方法，极其缓慢而轻柔地开展练习，注意肌肉拉伸时的身体感受，血液流向相应区域时的温暖感觉。注意那种放松、延展和灵活的感受。注意体内感受的持续变化——有时很疼痛，有时很愉快。

花 5 分钟练习，完全专注于你的动作和拉伸区域的身体感受，专注于感受，反复地再次专注于感受。就像之前提到的，在练习拉伸的同时，允许头脑在背景中喋喋不休。如果你觉得这么做很奇怪、很做作或是不适……那挺好的！恰好说明你正在尝试一些新鲜事物，一些很不同的东西，说明你正在离开你的舒适区。

The
Happiness
Trap

第 10 章　离开舒适区

　　我对本书的每一位读者保证，在你开始练习拉伸时，即让生活朝向一个崭新的、有意义的方向前进时，困难的想法和感觉必然出现。（100% 保证，否则退你书钱！）这是因为你的头脑十分专横，它坚持"安全第一"。每当你开始做一些新鲜的事情，头脑就会以消极的想法、侵入式意象、可怕的回忆、不适的情绪、冲动和身体感受的形式向你报警。

　　我们全都很容易被这些"警告"阻拦，不能再做真正重要的事，而是重复原来那些事。有人形容这是"停留在舒适区"。但我个人不认可这种说法，因为这种"舒适区"的生活严格来说并不舒适，应该称之为"悲惨区"、"停滞区"或是"错失生活区"。

　　无论你怎么称呼，都有两种策略可以帮你离开这片荒凉之地。第一种：持续在更大范围内使用脱钩技能。第二种：联结让你值得离开"舒适区"的事物。接下来的几章，我们将集中讨论第一种策略，本章先来看看第二种策略，就从有关价值和目标的讨论开始。

价值和目标

价值是你内心的深层渴望：你想要如何对待自己、他人和周围的世界，你希望用你的言行举止体现什么样的个人特质。例如，假如你内心渴望的个人特质是开放、诚实、爱和关心，那么这些就是你的价值。（而如果你不想以那样的方式行动，它们就不是你的价值。）一旦我们明晰自己的价值，就能以之鼓舞、激励和引导自我，投入去做能够让生活更有意义和回报的事情。

价值和目标非常不同。目标是你希望在未来实现的，是你想要获得、拥有、达成或去做的事情。大多数目标可以分成三类：情绪目标、行为目标和结果目标。

情绪目标

情绪目标描述的是我们想要的感觉（例如，"我想要快乐""我不想再感到焦虑""我想更加自信""我想要'内在的平静'"）。

行为目标

行为目标描述的是我们想要采取什么行动，以及如何行动（例如，"我想要加强身体锻炼""我想更多地和亲朋好友共度美好时光""我想旅行"）。

结果目标

结果目标描述的是我们渴望的结果：我们想要获得或是拥有的东西（例如，"我想有更多朋友""我想要别人爱我、善待我、尊重我""我想有个好身体，有份好工作，还要一处很棒的房子""我想要财务安全、身体健康以及平等的机会""我想要权力、地位和名声"）。

理解结果目标和价值的不同是非常重要的，我会简要解释。例如，如果你想要体现爱和友善，这些就是价值；而如果你想要结婚，这就是一个结果目标。请注意，你可以奉行爱和友善的价值去生活，即便无法实现结婚这个结果目标。（例如，你可以爱自己，善待自己，爱你的家人朋友，爱你的小猫小狗。）另一方面，你也可以在实现结婚这个结果目标的同时，却忽视奉行爱和友善的价值（在这种情况下，你的婚姻会令你苦不堪言）。

我再举个例子：假如你在工作时希望表现得开放、诚实和善于合作，这些就是你在工作场合的价值。相对而言，假如你想要的是一份很棒的工作，那这就是一个结果目标。请注意，你可以按照开放、诚实和善于合作的价值去生活，无论你的工作是很不错还是很糟糕。而且，即便你退休、失业、因为疾病或残障无法继续工作，你还是可以活出那些价值。

这种价值和目标之间的区别非常重要，尤其是在为人赋能方面。

为人赋能

你见过非洲和中东国家大型难民营的照片吗？很多难民营是在干燥、贫瘠的荒地中搭建的成千上万的帐篷，其中一些难民营容纳了多达 40 万人，难民们都是在最可怕的艰难贫困中挣扎求生。其中很多人都遭受了很可怕的创伤，ACT 能否帮助这种恐怖情况下的人们？

世界卫生组织认为这是可行的。于是，他们在 2015 年邀请我开发了一套在难民营推广的 ACT 课程，帮助人们应对持续承受的生活重压。我设计的课程共计 10 小时（每周 2 小时，连续 5 周），通过音频方式给难民播放，每次给大约 20 人的小组收听。在写作本书（2021 年）时，世界卫生组织在叙利亚、土耳其和乌干达的难民营推广使用该项目已有 5 年多的时间。该项目有没有帮助呢？答案是肯定的，效果非常显著。世界卫生组织开展了详细研究，在 2020 年于世界顶级医学期刊《柳叶刀》发表了报告。令人震惊的是，这些难民的心理健康状况都得到了显著改善，包括抑郁症和创伤后应激障碍在内的很多症状都得到了明显的缓解。

这个项目的很大一部分工作就是通过让参与者联结价值来为其赋能。你会发现，很多结果目标在难民营中都无从实现：找到一份有报酬的工作、拥有一辆车、获得充足美味的食物、住进房屋而不是住在帐篷里、和流离失所的亲友重聚，等等。作为读者，你应该可以想象难民们一定特别渴望拥有不受限的水电、食物和衣服等资源。

可见，对我们每个人来说——无论我们生活优越还是极度贫困——如果我们始终惦记那些难以实现（至少是现在）的结果目标，会发生什么？是的，我们将体验到挫败、不满、失望、悲伤甚至绝望，因为"求而不得"。

但是，价值所讲的故事是很不同的。我们具备成千上万种方法，随时随地都能按照自身价值去生活，即便我们的目标无法实现。为了在难民营课程中说明这一点，我们使用了下面的例子。假设你的目标是获得一份有收入的工作，以便支持你关心的人，而你的价值（你想要对待你家人、朋友或身边人的方式）是保持友善、关怀、爱意和支持。那么，你可能无法实现目标，却能活出你的价值。你总是可以于点滴之处向身边的人表达友善、关怀、爱意和支持。

"这么做能为人赋能吗？"你或许很好奇这一点。是的，我们越是被自己无法掌控的东西所主导（比如我们不能拥有的东西），就越会变得悲惨和无助。而价值恰好能够让我们联结自己可控的部分，我们真正可控的就是按照理想自我去行动的能力。

这很重要，因为你影响世界的唯一方式就是"行动"——你的举手投足，你的一言一行。你越是能够掌控自己的行动，就越是能够影响你周围的世界——你在每一天遇到的人和面临的环境。

例如，如果你和他人同住在难民营的帐篷里。第一种情况下，你按照友善、温暖和关心的价值投入对待他人的行动；第二种情况下，你可能偏离了价值，在对待他人时用不善、冷漠或敌对的方式行动。在这两种情况下，你的行动会直接影响大家在帐篷里的生活状态。是的，你的行动无法让你所逃离的战争停止，难以让你爱的人起死回生，也不能把破破烂烂的帐篷变成砖块砌成的房屋。但是，你的行动可能改善或是恶化帐篷里的生活气氛，这一点主要由你控制。

我们越是明晰自身价值，就越容易依之行动；越是按照价值行动，生活就会越来越有意义。那么，我这是在劝你放弃一切目标吗？我绝没有这个意思！事实上，本书之后还会探讨帮助你实现目标的具体策略。我在这里强调的是，价值能够立刻为你赋能，这是目标不具备的能力。原因在于，无论面临着怎样的生活境遇，我们总是能够于细微之处体现价值。

例如，假设有些人生活贫困、重病缠身、饱受煎熬，也有些人因为性别、宗教和肤色一直遭受偏见和歧视，那么相对很多人来说，他们就处于劣势，很多目标目前无法实现，未来也不乐观。但是，他们还是可以按照价值去行动，还是能够选择对待自己、他人和世界的方式，即便继续生活在艰难的环境中。

我再举一些极端的例子，假设你患有某种不断发展的终末期绝症，你就很难实现"健康良好"的目标，但你依然可以按照自我善待和自我照顾的个人价值去生活。

我经常使用"现实鸿沟"（reality gap）这个词描述以上这类困难的情境。"现实鸿沟"是指在你渴望的现实和得到的现实之间的痛苦差距。这个差距越大，痛苦就越强烈。（所以，如果你面临着一个巨大的现实鸿沟，就会出现很多困难的想法和感觉，你就需要本书中提到的脱钩技能来处理。）

有些现实鸿沟永远无法弥合（例如，你爱的人去世了），有些现实鸿沟可以弥合（例如，你患有良性肿瘤），但会花费很长时间和很大精力。而价值能够为人赋能，无论现实鸿沟能否弥合，价值都能帮助我们更加有效地处理。

你会不会有些困惑？如果是的，那你并不孤单。价值的概念不容易理解，尤其对更熟悉目标的概念的人们来说，你的头脑通常需要花一些时间才能理解价值的内涵。因此，我们还会反复探索这个概念，就从快速浏览价值清单开始。

价值清单

价值是我们内心深处的渴望：我们想要活成什么样的人。价值描述了我们希望如何对待自己、他人和周围的世界。

以下是一份价值清单，并不是说这些价值就"正确"，价值并不分"对"或"错"，就如同每个人喜欢的冰激凌口味不同。如果你喜欢巧克力口味，而别人偏爱香草口味，这不代表别人的口味就对，而你错了，反之亦然。这种情况只表示你们的口味不同。因此，这份清单所列的并不是最"正确"或"最好"的价值，它只是供你参考。（如果清单中没有显示你的价值，不妨将它们添加在末尾处。）

请你选择一个希望提升、改进和探索的生活领域（例如，工作、教育、健康、休闲、养育、友谊、亲密关系）。然后，考虑使用价值清单中的哪些价值将下面的句子补充完整：

在这个生活领域，我希望我可以……

请你通读这份清单，如果感觉在这个生活领域中某项价值很重要，可以在旁边标注"V"；如果有些重要，可以标注"S"；如果不重要，可以标注"N"。

常用价值清单

在这个生活领域，我希望我可以……

（1）接纳：对自己、他人、生活和自己的感觉保持开放、允许并和平共处。

（2）冒险：愿意创造和寻求新鲜的、冒险的、兴奋的体验。

（3）坚定：平静地、公正地、尊重地捍卫我的权利，争取我想要的东西，拒绝不合理的请求。

（4）真诚：对自己真诚、真实和忠实。

（5）照料／自我照料：主动照料自己、他人和环境等。

（6）慈悲／自我关怀：友善地回应深陷痛苦时的自己和他人。

（7）合作：愿意和他人一起工作，愿意协助他人工作。

（8）勇敢：敢于冒险，面对恐惧、威胁和风险能够坚持不懈。

（9）创造：富有想象力、创造力和创新精神。

（10）好奇：思想开放，有好奇心，愿意探索和发现。

（11）鼓励：支持、鼓舞和奖励我认可的行为。

（12）表达：经由言行表达我的想法和感觉。

（13）专注：专注和投入正在做的事。

（14）公平 / 合理：对自己和他人采取公平合理的行动。

（15）灵活：愿意并且有能力调整和适应不断变化的环境。

（16）友好：对他人温暖、开放、关心和赞同。

（17）原谅：放下对自己和他人的仇怨。

（18）感恩：对自己拥有的一切心怀感激。

（19）帮助：给予、帮助、贡献、协助或分享。

（20）诚实：对自己和他人诚实、真实和诚挚。

（21）独立：选择自己的生活方式和要做的事。

（22）勤奋：勤劳、努力、投入。

（23）友善：体贴、帮助、照料自己和他人。

（24）爱：对自己和他人表现出爱、爱的感情和在意。

（25）正念 / 活在当下：对正在做的事全然临在并投入其中。

（26）开放：自我表露，让人们了解我的想法和感觉。

（27）秩序：保持整洁和富有条理。

（28）坚毅 / 承诺：无论遇到什么难题和困难，都愿意坚持。

（29）爱玩：幽默，寻找乐趣，心宽。

（30）保护：保障自己和他人的生命安全和财产安全。

（31）尊重 / 自我尊重：关心和体贴地待人待己。

（32）负责：值得信任、可靠并且为自己的行为负责。

（33）熟练：擅长做事，充分运用自己的知识、经验和受训经历。

（34）支持：帮助、鼓励、陪伴自己和他人。

（35）值得信任：忠诚、真挚、诚恳、负责和可靠。

（36）信任他人：愿意相信他人的诚实、真诚、可靠和能力。

（37）其他：

（38）其他：

（39）其他：

（40）其他：

请写下或是在心里标记对你特别重要的价值，用它们作为今后生活的参考。

旅程和终点

你很可能听说过这句话："终点不重要，旅程最重要。"但我个人认为两者都重要。终点当然很重要，去瑞典旅行和去阿富汗旅行肯定不是一回事。但是，抵达终点的旅程同样重要，尤其是在无法确保你一定抵达终点的情况下。

你朝向的终点是一个目标。相对而言，你的价值描述的是你想要成为什么样的旅行者：你想要如何对待自己、他人和旅程中遇到的事？在朝向终点的旅途中，你是想对遇见的人表达友善并提供帮助，还是想表现得刻薄、有攻击性和疏远？你希望对这一路的体验保持开放、好奇和感恩，还是希望自我封闭、毫无兴趣和漠然地对待旅行的体验？你想要好好照顾身体，还是忽视它？

请注意，你在朝向目标前进时的每一步，都可以体现作为旅行者的价值，即使你最终结束旅程时没有抵达预期的终点。因此，请记得价值和目标的不同，然后来尝试一些新练习，看看如何巧妙地发现一些目标。

假设奇迹发生

请花些时间考虑以下问题。问题有点多，你可以自行选择，但请至少反思 2～3 个问题。

假设奇迹发生，你的一切困难的想法和感觉都如同滑过鸭子背部的流水那般失去影响力，不能再打击你或是阻碍你……

- ❀ 你将开始、重启或继续投入什么项目、活动或任务？
- ❀ 你将不再回避何人何事？
- ❀ 你将开始做什么事，更多投入做什么事？
- ❀ 你对待自己的方式将有何不同？
- ❀ 在你最重视的关系中，你对待他人的方式将有何不同？

请花几分钟仔细思考这些问题（至少 2～3 个），最好写下答案，以供未来参考。完成上述问题后，你的脑海中出现了什么？关于事情越来越糟糕的意象？关于失败的回忆？焦虑的感觉？胸部发紧、胃部紧缩、其他一些不适的身体感觉？还是一些不要这么做的理由？

出现上述情况极其正常。我保证：这些很烦人的想法和感觉肯定会反复出现。我们无法消除它们，但可以十分熟练地从中脱钩。很快，你就会学到如何从情绪、身体感受和冲动中脱钩，我们现在继续探索如何从认知内容中脱钩。

同时，我强烈希望你能反复练习脱钩：你越是能看清认知的本质——"脑海中的文字和图片"——它们就越难以对你的生活产生不利影响。（假如你的"找理由机器"制造了一些让你不做练习的理由，可以注意和命名它们。）你还可以感谢你的头脑："谢谢，头脑。我知道你正努力帮我避免投身挑战引发的不适感，不过请你放心，我能处理。"

除了练习脱钩，我还鼓励你探索和使用价值。不过，你不需要严阵以待，你可以每天选择 1～2 个价值，伺机在行动中"激发"你的价值。例如，假如你选择"友善"的价值，你就可以在一天中寻找如何通过细微的行动体现友善——说些友善的话语，采取友善的行动。请将这个练习当成实验，注意发生了什么。

警示：你的头脑很可能把你绕进这样的问题，"我要选择什么价值"或"我怎么知道这些价值是对的"。需要明确的是，我们的练习只有两个目的：①尝试使用一些价值；②留意发生了什么。因此，你选择什么价值并不重要。如果很难选择，从清单中随机抽取也行。花几天探索 1 ～ 2 项价值，注意发生了什么。然后，再另外选择 1 ～ 2 项价值来探索，以此类推。

　　同时，下一章将会涉及一种对于处理疼痛和痛苦非常重要的特质。如果该特质还不是你的价值，我希望你能尽快将之奉为价值。这种特质是：友善。

The
Happiness
Trap

第11章 友善的价值

想象你正在经历一段艰难危险的旅程，一路上发生了各种可怕的事情。你面临重重阻碍，屡受打击，你感到精疲力尽、浑身酸痛，但依然挣扎前行。不过，在这趟旅程中，你并不完全孤单，你会有一位同伴。

现在，假设你可以从两位同伴中选择一位。第一位同伴说："这趟旅程其实没那么难，你太笨了，别再抱怨，接着走！"第二位同伴说："这一切真是糟糕透顶，但让我们一起面对，我会充当你的坚强后盾，陪你走接下来的每一步。"

我向成千上万的人们询问过："你会选择哪一位同伴？"截至目前，大家都会选择第二位同伴。（人们经常看着我，好像这个问题很蠢。）我接着问："那你对待自己的方式像是哪一位同伴？像第一位还是第二位？"几乎所有人都回答："像第一位。"

这正是荒谬之处，每当我们的亲密朋友和所爱的人深感痛苦，我们大多数人都会本能地表达友善、理解和支持；但我们发现用同样的方式对待自己却异常困难。实际上，每当人们第一次听我介绍自我友善（self-kindness）的概念，尤其是提到"自我关怀"（self-compassion）时，大多数人都不看好，这令人颇为惊讶。通常，人们的"找理由机器"在听到这个词时会超速运转，抛出一长串理由想要清除这个概念。他们认为自我关怀是软弱、愚蠢、无用、被动、自私或泄气的代名词。他们有时还坚称自己是恶人，不配得到善待。我们很快就会处理这些反对意见，但首先需要澄清的是自我关怀的定义。

什么是"自我关怀"

"自我关怀"有多种定义，目前尚未统一。我的定义是八字箴言：承认痛苦，友善回应。

换言之，"自我关怀"是指有意识地承认你感受到的痛苦、伤害和折磨，然后用善意和关心的回应方式对待自己。

我们大多数人不是天然就拥有自我关怀的能力，通常是在踏上心理治疗、个人成长或发展之路时才有机会了解自我关怀。我们在感到痛苦时的默认反应模式是"服从模式"（允许痛苦逼迫和决定我们做什么）或"搏斗模式"。

自我关怀和这二者截然不同。我们只需要承认痛苦并且善待自己。尽管数千年以来，人们主要通过宗教来学习自我关怀的理念，但自我关怀目前十分流行，已经在科学领域真正占有一席之地。顶级心理学期刊的数百项研究业已证明了自我关怀对健康、快乐和幸福的诸多益处。同时，我还要告诉你一个好消息，其实你已经开始练习自我关怀了。

为什么这么说？自我关怀始于单纯地对我们的痛苦保持诚实，同时不会陷入或沉湎于痛苦。这和自怜（self-pity）截然不同，自怜类似"我再也忍受不了，从来没有过这么糟糕的感觉。这些事为什么发生在我身上？这不公平，别人就不用承受这一切，我真是要崩溃了"。自怜没有帮助，只会雪上加霜。

和自怜不同，自我关怀的做法是简单、友善而诚实地承认我们感受到的痛苦，就像我们承认某个朋友正在感到痛苦一样。我们在之前的四章内容里做过"承认"的相关练习：在使用抛锚技术（ACE）的"承认"阶段，在注意和命名困难的想法和感觉时，我们就是在"承认"自己的痛苦。

如果你很难精确描述想法和感觉，不妨使用"折磨""伤害""痛苦""心碎""丧失"这类词来命名。（例如，"这是痛苦"或"我注意到痛苦"。）你还可以添加一些额外的短语，比如"此时此地"或"这是一个……的时刻"。这么做的原因是，每当我们说"此时此地"或"这是一个……的时刻"，就能提醒我们这个事实：即便是处在巨大的痛苦中，我们的认知和情绪也会如同天气持续变化一般，我们时而感觉良好，时而感觉糟糕。"此时此地"，我们可能注意到悲伤，但片刻之间就可能注意到不同的情绪。请你更多地尝试使用这些短语，也可以创造适合自己的短语。心理学家克里斯汀·内夫（Kristin Neff）是自我关怀领域的世界顶级研究者，她建议说，"这是一个痛苦的时刻……"，很多人感觉这个富有诗意的短语很适合自己。但也有些人（比如我）更愿意使用日常用语，比如"这真的很伤人"。

承认痛苦只是自我关怀的第一步，接下来，我们需要用真正的友善回应自己的痛苦。在开始之前，我们先来看看一些反对意见。

对自我关怀的反对意见

我提到过一些反对自我关怀的意见，我们来具体看看这些观点是否成立。先从认为自我关怀表示"虚弱"或"愚蠢"开始，如果你的好朋友或是你爱的人正在受苦，而你看见他们的痛苦，说了一些友善的话，做了一些友善的事，你用这些方法向他们表达支持……这些算不算"虚弱"或"愚蠢"？当然不算。所以你用这些方式对待自己也不是"虚弱"或"愚蠢"（即便你的头脑这么说）。

接下来，如何看待认为自我关怀是"没用"或"被动"的说法？我提到过，目前有上百项科学研究表明，如果你真正重视健康幸福，自我关怀显然不是"没用的"，它能够帮你更好地应对逆境和处理压力，保护你免受抑郁之苦，还能促进你在挫折后的复原力。同时，自我关怀也绝不是"被动"应对生活挑战，而是一种积极主动的自我支持方式。自我关怀能够给予你更多的能量，支持你更好地迎接挑战、解决难题并投身趋向行动。

说自我关怀"自私"又是怎么回事？如果你坐过飞机，就知道机组人员如何向乘客解释氧气面罩的用法：在试图帮助他人之前，你需要先自己戴好氧气面罩。不妨用这种方式看待自我关怀：你能更好地照顾自己，才能更好地照顾他人。

说自我关怀是"泄气的表现"又做何解释？我们回来看看米歇尔（第3章有她的故事），她也是因为担心"泄气"而反对自我关怀。她说："我必须严苛地对待自己才能把事情做完。我用这种方式自我激励，假如我善待自己，就会一事无成。"她的这种想法极其普遍，尤其是对完美主义者和高成就者来说。自我苛待的确能在短期内增加动力，但在长期内却代价不菲：我们会感到压力、焦虑、抑郁、精疲力尽、低自尊和倦怠。

为了帮助理解，你可以类比你最喜欢的集体运动。假设有两支队伍拥有同样的天赋，但是教练不同。第一位教练惯用严厉、评判和批评的方式激励队员，他盯着队员们的一切错误，经常说，"你真是又笨又可怜""你真没用""你根本就没努力""我真不敢相信你表现成那样""我告诉过你多少次了""你把这件事搞砸了，又把那件事搞砸了，你总是拖大家后腿"。

第二位教练会怎么做？他经常给予队员友善而支持性的反馈和鼓励，用这种方式调动队员的积极性，他会确认队员做对的地方和做错的地方："你今天做的 A、B 和 C 真棒，我看到你在 D 和 E 方面的进步。在 J 发生时，你能记得做 H 和 I，这让我感到很振奋。我发现你好像在做 P、Q 和 Z 时有些困难，我们一起看看目前的情况，想想你如何继续进步。嗯，我注意到你把 X 和 Y 搞砸了，但是没关系的，我们都是会犯错的普通人，不必因此自我打击。我们来复盘看看下次遇到这种情况时，是不是能够换一种处理方式。"

就此，大量的科学研究结论十分明确：严厉的、批评的、评价式的教练方式有可能在短期内取得积极的效果，但长期如此会导致士气低落和成绩不佳。相对而言，友善的、支持性的教练方式长期看来会更有效，能够提振士气并收获更好的成绩。

你遇到过用严厉的、批评的方式对待你的教练/老师/经理/家长吗？假如你真遇到过，你有什么发现？（无须回答。）稍后，我们还会探索更多能够和自我关怀结合的有效激励方法，不仅有助你开始并坚持做一些事情，而且能够维护你的健康，对你长期的蓬勃发展有利。

最后，我们来看"我真差劲，不配被善待"这个反对意见。如果你有糟糕的童年，头脑里就会经常出现这个故事。"糟糕的童年"是指被忽视、被虐待、遭受创伤和被遗弃等。你的父母或照顾者可能直接说你很差劲（他们有上千种不同的方式表达这个意思），或是通过虐待让你明白这个意思。然而，即便你的童年很美好，出现"我真差劲，不配被善待"的想法也很常见。再次申明：你的头脑就是用这些方式帮助你，尽管这些做法并不明智。头脑认为只有对你严苛才会富有成效。头脑很像上面提到的第一位教练，认为你必须自我改造和自我"修理"，必须督促自己成才。因此，我们需要停下来看看头脑剧情的有效性：如果任由它决定你的行动，当你的老板，指挥你做什么和不做什么……这将让你趋向理想生活还是让你背道而驰？

显然，如果这些想法有助你投入趋向行动（让你按照理想自我行动，建设理想生活），而且还有利于你的健康、幸福和快乐……那很好。但是，如果它会把你带到相反方向，你就需要做出选择：是继续对它言听计从，还是练习脱钩，尝试新的方法？

友善的言行

如果你非常关心的人正在遭受痛苦——与痛苦的想法和感觉搏斗，或是正在努力克服重大的难题——你会如何对待他们？假如你想传达的信息是"我看见你很受伤，我很关心你，我会一直支持你"，那么你会说些什么么和做些什么？

继续阅读之前，至少花 2 分钟考虑这个问题的答案。

自我关怀是指像对待爱的人那般对待自己，因此，无论你的答案是什么，都可以用到自己身上。我们先来看看你可以说些什么。

友善的自我对话

友善的自我对话是指我们用一种友善、鼓励和支持的方式和自己说话，如同上文提到的第二位教练和第二位同伴那样。但请记住：大脑是通过做加法而不是做减法来发生变化的。因此，我们无法努力删除主管严厉自我对话的脑回路，但可以启用崭新而友善的自我对话脑回路来覆盖前者。（因此，假如严厉的、评判的自我对话再次出现——大多数人都经常这样——我们不需要与之争辩，也不用回避和消除它们，只是注意和命名它们就行了。）

我们需要对自己说些什么？其实有很多选择。假设我们正在努力完成一项艰难而重要的任务，头脑说"这太难了"或是"我做不到"。首先，我们可以感谢头脑，可以说："谢谢你，我的头脑，我知道你想劝我放弃，让我感觉好受一些，但你放心吧，我自己有数。"接下来，可以尝试说些鼓励自己的话，"我能搞定""我能做到""我会安然度过"。

如果我们在犯错之后被"我是个失败者"的想法钩住，可以进行友善的自我对话："啊哈，那个'失败者'的故事又来了。嗯，我很清楚我搞砸了，我就是普通人，难免犯错。"

如果你被"完美主义"的规则钩住，可以说："我有一个想法是我需要把这件事做到完美，但其实这没必要，'足够好'就行。"

如果你正在努力改变行为，却又落入老旧模式，头脑可能说："这毫无希望，我改变不了。"如果你用自我关怀回应，可以对自己说："这是那个'放弃吧'的故事，但我不会买账的。我现在想做的事确实很难，今天过得也挺惨，但是，我明天会继续尝试，长此以往，我会渐入佳境。"

　　关于友善的自我对话，我有个重要的操作提示：你说些什么话很重要，你说话的方式也很重要。因此，请觉察自己"内在声音"的语气，如果你对自己说话时语气很严厉、很讽刺或很冷漠，就很难有预期效果。你的"内在声音"听起来要对你很友善、很关心。

　　因此，每当出现困难的想法和感觉时，我们需要承认它们的出现，承认自己感觉很痛苦、很艰难，提醒自己用善意和关心回应痛苦的感受。与此同时，简单做个标记会很有帮助。自我关怀领域的专家克里斯汀·内夫建议用"这是一个痛苦的时刻，愿我能够善待自己"。但我更喜欢简洁的用语，我的自我关怀"口头禅"是："这真是很伤人，我要保持友善。"你喜欢哪种方式就用哪种，能创造自己的专属标记用语就更好。

　　请你多多练习友善的自我对话（使用亲切的语气），探寻适合你的说话方式，遵循自己的说话风格（可能完全不像上述说法）。然后，每当被一些想法困住时，就考虑："如果我的朋友和我处境类似，我想对他们说些什么？"

　　我们讨论了友善的自我对话，接下来探索同样重要的自我关怀方式：友善的行动。

友善的行动

　　自我关怀不仅包括对自己说些友善的话语，还包括为自己做一些事：采取友善、关心和支持的行动。事实上，友善的行动也是数不胜数。自我关怀行动可能包括：阅读这本书；练习脱钩技能；和他人共度美好时光；做好基本的自我照料，比如健康饮食和规律锻炼；安排休息和放松；投入业余爱好、运动或其他快乐且有助恢复精力的活动；等等。

　　最棒之处在于你不是必须做什么了不起的大事，微不足道的善举就很有用。我想谈谈今天为自己做的一些小事，希望对你有所启发，这些事都是一些友善的行动：我用一会儿时间拉伸了后背和颈部；洗了一次长时间的热水澡；和我家的小狗一起玩耍；和我儿子一起观看可笑的短视频，一起哈哈大笑；享用了一份健康早餐；还花了一些时间在室外闭上双眼静坐了几分钟——只为聆听鸟儿的鸣叫，感受阳光洒落在脸庞上的暖意。

现在，花两分钟考虑：①接下来的几小时，②接下来的几天，你能为自己做些什么？

写下你的答案。请在接下来的几小时和几天里真正投身行动，留意你做这些事时的情形，切实感受那些善待和关心自己的行动。（如果你没有行动，请留意头脑是怎么劝你放弃的：它给出什么理由让你放弃行动？它给你强加了一些什么规则？）

接下来做什么

截至目前，我们讨论了自我关怀的三个部分：从严苛的、评判的自我对话中脱钩，承认我们感受到的痛苦和折磨，善待自己。接下来的几章，我们将讨论另一个重要部分：从痛苦情绪中脱钩。

答疑解惑

感觉很奇怪，这不是我的风格，我不会这样做

起初，自我关怀可能会给人奇怪或做作的感觉——好像这不是你的风格。出现这种反应完全正常，毕竟自我关怀是一种全新的心理技能。你在练习一万次之后可能会觉得自我关怀很自然，但在开始阶段肯定不会这样。因此，这里的问题就变成了：为了建设更美好的生活，你是否愿意尝试一些让你感觉新奇、怪异和"不大像你"的事情？

这令我很焦虑

如果你长期以来都在深深地、顽固地自我批判、自我憎恨和排斥，那你在开始练习自我关怀时会很容易感到焦虑。因为这是一种对待自

己的全新方式，你的头脑肯定会疑虑重重："这是什么方法？我不知道这是什么东西，这种方式和之前的完全不同，这很奇怪，我不知道会发生什么。"你很可能没意识到自己有这些想法，可能只是感到很焦虑，但你的脑海中确实会出现这些想法。

另一种对焦虑原因的解释是：你正在"打破规则"。长期以来，你的头脑都用各种规则统治着你，它就像是一位暴君，为你设置严苛的律条，禁止你违反规则，包括以下这个规则：

"你不可以善待自己！"

违反规则让你感觉风险很大（如果被抓住，会对你不利），所以你自然会焦虑。

随着时间的推移，如果你经常练习自我关怀，就会很熟悉这种体验，焦虑也会减轻。但在练习初期，你还是会焦虑。因此，这里的问题就变成了：为了能长期建设更美好的生活，你是否愿意短期拥有一些焦虑的想法和感觉？

激起消极的自我对话

有时，友善的自我对话可能会激起一连串消极的自我评判。随着时间的推移，这些自我评判出现的频率会降低，直到停止。每当它们出现时，注意和命名即可，如果不管用，就练习抛锚。

我的感觉并没有消失

自我关怀的练习初衷不是为了消除不适感，它不是一种搏斗策略。我们的目的是承认和允许感受的存在，不和感受搏斗（就像第 4 章提到的"把书轻轻放在膝盖上"），同时善待和支持自己。困难的想法和感觉经常会减少或消失，但这是一份奖励，而不是练习的初衷。

The
Happiness
Trap

第 12 章　被感觉钩住

想象你徒步穿越阿拉斯加的雪山荒野，突然和一只大灰熊狭路相逢。你会怎么做？大声尖叫，呼喊求救，还是拔腿就跑？我们稍后处理这个棘手情况，现在先来看另一个很有挑战的问题：什么是情绪？

一直以来，科学家们都很难就情绪的本质达成共识，但大多数专家都同意以下两点：

（1）每一种情绪都蕴含一系列复杂的躯体变化，涉及大脑和神经系统、心脏和血流、肺和气流、内脏、肌肉和激素。

（2）这些躯体变化为我们的行动做好了相应准备。

当身体发生这些变化时，我们会有类似这些感觉：胃部不适、如鲠在喉、心脏怦怦直跳，还会出现采取特定行动的冲动（例如，哭泣、大笑、尖叫、咆哮或是躲藏）。这种在经历特定情绪时采取特定行动的可能性就是"行为倾向"（action tendency）。请注意，此处的关键词是"倾向"。一种倾向意味着我们很可能做某些事，但不等于必然做这些事。我们并不是别无选择。

举个例子，你担心迟到时可能会有超速驾驶的倾向，但如果你真想自控，就会选择遵纪守法地安全驾驶。正如第 2 章讨论的，我们越是缺乏从情绪中脱钩的能力，拥有的选择就越少。

换言之，我们越是擅长脱钩，就越能控制身体行动——身体姿势、面部表情、言语表达、音量语气和胳膊、腿、手、脚的动作。这种控制能力很有用。如果在感受到强烈的情绪时能够控制身体动作，我们的行动会收效更佳：我们可以感到焦虑，同时勇敢地行动；我们也可以感到愤怒，同时平静地行动。

例如，假设我对十几岁的儿子非常愤怒（我经常会这样）。如果我正在成为理想父亲，我就会默默承认内心正在掀起的愤怒风暴，同时抛锚并掌控行动。我会以温柔、耐心的声音和儿子说话，双臂放在身体两侧，双手摊开，坚定而耐心地向他解释他的问题和我的期待。每当我这么做，就会增进我们的父子关系。而当我被愤怒彻底钩住时，我就会像一只银背大猩猩一样，昂首挺胸、张牙舞爪和大喊大叫，这会破坏我们的父子关系。家长们都很清楚，对孩子大喊大叫顶多让自己一时痛快，长期来看不利于亲子关系的健康发展。（而且，这么做真是糟糕的"榜样"，对不起，我的儿子！）⊖

本书教授的第一项技能是抛锚，它能帮助我们通过控制身体动作来从情绪中脱钩。但是，这项技能只是冰山一角，我们会用接下来的几章探讨情绪的本质和目的，如何从情绪中脱钩，如何让情绪有利于生活。我们先来看看有关情绪机制的两种反应。

战或逃反应

战或逃（fight-or-flight）反应是源于中脑的一种原始的生存本能反应，

⊖　我并不赞同有些自助书籍的作者，他们看起来那么完美、毫无缺点、一贯正确。我们都是普通人，都会把事情搞砸。

我们在所有哺乳动物、鸟类、爬行动物、两栖动物和大多数鱼类中都发现了这种生存本能反应。它的原理是：如果你受到了某个东西的威胁，为了争取最大的生存机会，你的选择只有跑开（逃跑）或是坚守阵地自卫（战斗）。因此，每当我们的大脑感知到了重大威胁，就会立刻启动身体的战或逃反应：我们的身体充满肾上腺素；手臂、腿、脖子和肩膀处的大肌肉收缩以便准备行动；心脏和肺则加速工作，将含氧量高的血液泵入肌肉。这一切都在帮助我们做好"战或逃"的准备。

在真正危险的情况下——穿越战区或是和野生动物搏斗时——战或逃反应能够救命。但在现代社会，大多数人极少真正陷入危及生命的困境，很不幸的是，在这些时刻启动战或逃反应，往往会造成阻碍，而不是有所帮助。

再一次强调，造成这种局面是因为头脑在好心帮倒忙，启动身体反应的本意是保障安全，无奈过犹不及。头脑遵循"安全第一"的操作模式，经常让我们感到危机四伏：郁郁寡欢的伴侣、控制欲强的老板、停车罚单、新的工作、交通堵塞、银行柜台的长队、巨额抵押贷款，还有照镜子时看到的那个不讨人喜欢的自己——我们总是随时闻到危险的味道。而且，头脑还会将想法、回忆、意象、情绪和身体感受统统解释为威胁。显然，这些内在体验不会危及生命，但头脑和身体的反应却仿佛它们真能置我们于死地，随之唤起害怕、焦虑或惊恐等情绪（这些情绪和"逃跑"有关），也会引发恼火、生气和暴怒的情绪（这些情绪和"战斗"有关）。

僵住反应

我之前提到，当我们非常痛苦时，迷走神经系统就会切断身体的痛感，让我们进入一种情绪麻木的状态。迷走神经这个大型神经网络还能暂时"僵住"（freeze）或"锁住"身体。每当面临极端的威胁，大脑感知到战斗或逃跑都是徒劳的，就会出现"僵住"或"锁住"反应。（例如，当一个人被压在滑坡的岩石下，或是一个小孩遭受成人虐待时，就会发生这种情况。）

在面临极端的威胁并且战斗或逃跑看起来无效时，我们的身体就会被迷走神经网络接管，从而进入"紧急关闭"模式。在这种模式下，我们的身体不再动弹，心肺功能减弱，血压降低，消化等非核心活动暂停。在"关闭"早期，有人会出现"僵住"、"呆若木鸡"或是"彻底瘫痪"的情况。在这些很恐怖的情况下，迷走神经还会"切断"身体感觉，努力帮你隔离恐惧情绪和身体疼痛。

可见，僵住反应是一种强大的生存机制。在你无法战斗或逃跑，或是战或逃对你更不利的情况下，这种反应能够保全你的性命。然而，在创伤情境结束后，甚至是多年之后，僵住反应还可能持续激活，这通常是由强烈的情绪或痛苦的回忆触发。如果你经常经历创伤相关的僵住反应，抛锚练习非常有效，它能帮你"解锁"身体，重获对行为的掌控，再次投身当下的生活。我强调的是要经常练习，只要发现身体开始有"锁住"的迹象，立刻抛锚，坚持练习，直到你重获对身体的掌控，重新投入当下的生活。

麻木是僵住反应最常见的副作用，它也会令人陷入冷漠、绝望或无望的状态。

情绪的成分

我们经历的每一种情绪——愤怒、悲伤、内疚、恐惧、羞耻、厌恶、爱、快乐、好奇等——都包含三种相互交织的成分：身体感受、认知和冲动。我们先来探讨焦虑情绪的成分。

身体感受

大多数人面临一种情绪时，最明显的就是出现身体感受。例如，我们在焦虑时可能注意到身体各部位的肌肉紧张、颤抖、出汗、麻木、胃部紧缩、如鲠在喉、胸闷、心跳加速，等等。（请了解，没有两个人对某种情绪的体验完全相同，你的身体感受可能和上面提到的类似，也可能完全不同。）

认知

认知是一切情绪的本质成分。例如，我们感到焦虑时可能会想"这行不通""将会发生坏事""我真受不了"等。认知成分还包括：

（1）我们对体验的命名（例如，我们会说这是"焦虑"，也会说感觉"紧张"、"不安"、"哆嗦"或是"烦躁"）。

（2）我们为体验赋予的意义（例如，"我很害怕，说明我有危险"）。

（3）随之而来的脑海里的画面和回忆（例如，回忆令你害怕的情境和画面）。

冲动

一切情绪都伴随着冲动。例如，伴随焦虑的可能是担心、寻求安慰、喝酒、抽烟、分散注意力、回避或是逃离困难情境的冲动，等等。不过，冲动本身也包含认知和身体感受。例如，如果你有"喝酒的冲动"，脑海里就会出现和喝酒相关的"文字和图片"。这时，如果你感受身体，就会发现（通常很微弱的）冲动的身体感受：可能是嘴里的温暖和湿润，可能是舌头和喉咙的蠢蠢欲动，还可能是胳膊、腿和下巴等地方逐渐增加的紧张不安。因此，每一种情绪或冲动基本都是一种身体感受和认知的随机组合，感受和认知会以无数的复杂方式相互影响。

我们必须服从情绪吗

答案很简单，不是！如果缺乏脱钩技能，我们就会自然受到情绪的支配。但是，我们的脱钩能力越强，就越能自主选择面对情绪的表现。我敢肯定，你有时会一边害怕一边完成任务，即便当时当刻你很想逃之夭夭。在参加重要的测试、想要约会某个人、参加工作面试、进行公开演讲或是参与危险运动项目时，我们都有这种体验。

大家可能都知道，我每次演讲时都深感焦虑。但是，每当我向听众透露这一点，他们总是很震惊，通常说："可是你看起来那么冷静自信。"原因在于，即便我感觉很焦虑（心跳加速，胃部紧缩，手心冒汗），但我的行动没有表现出焦虑。我有坐立不安、呼吸急促和语速加快的冲动，但我的实际行为却恰恰相反。我会有意识地选择缓慢地说话、呼吸，徐徐做出一些身体动作。其实，几乎所有的演讲者都这样，即使拥有多年的经验，他们通常还是很焦虑，但你不会知道真实情况，因为他们在行动时表现得很冷静。

现在，让我们回到穿越阿拉斯加雪山荒野的旅程，你突然和一只灰熊狭路相逢。你的战或逃反应立刻启动，你感到强烈的恐惧，有拔腿就跑的冲动。但是，如果你读过生存手册，就知道这是个坏主意。转身就跑将激发熊的追逐本能，它会轻松追上你，立刻把你当成零食。你需要做的是：极其缓慢地后退，不要突然移动或发出很大声响，而且永远不要背对着熊。（嗯，你可别说你从本书中一无所获！）

很多人遵循这个建议而得以幸存。我真正想要反复强调的是：尽管我们几乎无法控制情绪，却很能控制行为。这一点还有一个实际用处，在你做出重大的生活转变时，关注你能控制的部分比关注不能控制的部分要有用得多。

当我们被强烈的情绪钩住时，很可能会做很多让自己后悔不迭的事。处于"服从模式"时，我们可能砸东西、大喊大叫、虐待他人、过度饮酒，多少出现一些破坏性或是自我伤害的行为。但是，如果能刻意将觉知带入感受，仔细留意行为的过程，那么，无论情绪有多强烈，我们都能从"服从模式"中转换，真正有效地控制行为。即便是感到狂怒、悲伤或害怕，我们依然可以选择起身或坐下，张嘴或闭嘴，喝杯水，接电话，平静地说话，还可以挠挠自己的头。

情绪如何帮助我们

　　情绪如同天气——总会出现并且持续变化。它们一直起起落落，从温和到强烈，从愉快到不愉快，从预料之中到出乎意料。"心境"（mood）是指一段时期的情绪基调。因此，"不良心境"如同阴天，而愤怒或焦虑等特定情绪就如同下了一场阵雨。那么，情绪的意义是什么？情绪对我们有什么帮助？

　　情绪主要有三个目的：沟通、激励和揭示。我们来逐一看看。

沟通

情绪让我们和他人的交流更有价值。例如：

- 恐惧在表达"小心，有危险"或是"我感觉你受到了威胁"。
- 愤怒在表达"这不公平，这不正确""你侵犯了我的领地""我在捍卫我的东西"。
- 悲伤在表达"我失去了一些重要的东西"。
- 内疚在表达"我做错了一些事，很想纠正"。
- 爱在表达"我很感激你""我希望和你亲密地相处"。

与我们信任的、充满爱心的人的互动交流通常很有价值。例如，如果你的好朋友看到你很害怕或悲伤，他们通常会向你表达善意和支持；如果他们看到你因为做了一些伤害他们的事情而感到内疚，他们就更有可能原谅你；如果他们看到你对他们正在做的事感到生气，他们就很可能停手，重新考虑怎么做。显然，这个沟通系统并不完美，我们时常"发送错误信号"，也会经常误解情绪表达的信息。但是，这个系统在大多数时候都能运转良好。

激励

我们的情绪也有激励作用。"情绪""动机""意向""动作"的词源都是拉丁语 movere，意思是"有所动作"。情绪能够帮助我们做出采取特定行动的准备，这些行动可能对我们有利，能够改善生活。例如：

- ❀ 恐惧激励我们采取回避行动，保护自己免遭危险。
- ❀ 焦虑激励我们为有可能伤害我们身心的事情做好应对的准备。
- ❀ 愤怒激励我们坚持立场，为在意的事而战斗。
- ❀ 悲伤激励我们放慢脚步、放松片刻、暂停休息和恢复体力。
- ❀ 内疚激励我们反思行为对他人的影响，在伤害他人后能够有所补偿。
- ❀ 爱激励我们体现爱和滋养的能力，更多用行动去分享和表达关心。

揭示

我们的情绪还能揭示对我们而言最重要的事。情绪在"报警"，提示我们有一些重要的事情发生了，需要我们关注或处理；情绪在"燃灯"，照向我们最深沉的需要和渴望，提醒我们真正在意的事；情绪在"献礼"，指出我们需要解决的问题和可以采取的行动，目的都是让我们的生活更美好。例如：

- ❀ 恐惧揭示了安全和保护的重要性。
- ❀ 愤怒揭示了保卫领土、捍卫边界或是坚守利益的重要性。
- ❀ 悲伤揭示了在失去亲人之后休息和恢复的重要性。
- ❀ 内疚揭示了我们的待人方式和修复人际联结的重要性。
- ❀ 爱揭示了联结、亲密、结合、关心和分享的重要性。

每当出现强烈的情绪，我们通常可以询问自己两个简单的问题，从中汲取智慧。这两个问题是："这种情绪告诉我什么事情真正重要""这种情绪建议我要留意什么"。但是，当我们处于"服从模式"和"搏斗模式"，或是像牵线木偶般被情绪控制时，就无法触及这种智慧。因此，我们需要先学习一种回应情绪的全新策略，就从关闭"搏斗开关"开始。

第 13 章　搏斗开关

想象你的头脑里藏着一个"搏斗开关"。当它开启时，你就会很用力地对抗所有的情绪痛苦。

现在，假设你感到有些焦虑，随着搏斗开关的开启，你会"如临大敌"。头脑说："哦，不！这是焦虑，我讨厌这种感觉，它对我不利，我想知道焦虑对身体的害处，我想赶走它。"

于是，你开始对焦虑感到焦虑。头脑接着说："哦，不，这种焦虑的情绪越来越严重！太可怕了。"然后，你就开始为自己的焦虑感到悲伤："为什么一直这样？我不要过这种日子。"很快，在前面这些情绪的基础上，你开始变得愤怒："这不公平！我讨厌这样！"这表明你开始对自己的焦虑和悲伤感到愤怒，你的情绪痛苦愈演愈烈。这里是不是出现了一种恶性循环？

但是，如果关闭"搏斗开关"，情况会很不同。无论出现什么情绪，无论情绪多么令人不快，我们都不再搏斗。我们承认情绪，允许它待在那里。嗯，焦虑来了，当然很令人不快、抗拒和厌恶，但是，我们可以允许它的存在。关闭"搏斗开关"时，我们的焦虑程度会自然地根据环境而变化，有时高，有时低，有时甚至不焦虑。无论焦虑程度的高低，我们都不会再浪费宝贵的时间和精力与它搏斗。

"搏斗开关"本质上就是一个情绪放大器。打开它时，我们会对焦虑感到焦虑或愤怒，对悲伤感到悲伤，为愤怒感到内疚，或是其他各种情绪的随意组合。同时，我们还会使用自己喜欢的所有搏斗策略（第 3 章讨论的策略）。你也知道，适度使用这些搏斗策略没有问题。但在"搏斗开关"开启的情况下，我们将会过度和不恰当地使用这些策略，导致健康受损、机会错失、人际关系困难、浪费时间精力、加重心理痛苦，等等。

搏斗开关关闭时：

  ❀ 我们的情绪可以自由地流经我们，自由来去。
  ❀ 我们不会浪费时间精力和情绪搏斗，能够投入更有意义的活动。
  ❀ 我们不会因为放大情绪而给自己制造额外的痛苦。

搏斗开关开启时：

  ❀ 我们的情绪是卡住的，久久徘徊。
  ❀ 我们浪费大量的时间精力和情绪搏斗。
  ❀ 我们放大情绪，制造不必要的大量痛苦。

以 43 岁的法律秘书瑞秋为例，她患有惊恐障碍，有时会突然陷入极度恐惧的状态，即"惊恐发作"。惊恐发作期间，患者通常强烈地感到大难临头，并伴有极度痛苦的身体感受，比如呼吸困难、胸痛、心脏狂跳、窒息感、眩晕感、手脚发麻、脸红一阵白一阵、出汗、晕厥和浑身发抖。"惊恐发作"是一种常见的精神障碍，每年都有多达 3% 的成年人罹患此病。

瑞秋的关键问题不是焦虑，而是她和焦虑之间的搏斗。她将焦虑情绪看得极为恐怖，竭尽全力回避或消除焦虑感。她一旦发现和焦虑有关的任何身体感受，哪怕是一些类似的感受（比如心跳加速或胸闷），就会引发更严重的焦虑。对，你很快就会明白这是一种恶性循环。她的焦虑感变得更强烈了，她想要推开的身体感受也变得更加强烈，这让她越来越焦虑，很快陷入了全面爆发的惊恐发作状态。

瑞秋的生活日趋萎缩。现在，她不喝咖啡，不看惊悚的影片，也不再锻炼身体，因为这些事会让她心跳加快，并引发整个恶性循环。她也拒绝乘坐电梯或飞机，拒绝在交通拥堵时驾驶，拒绝去人潮汹涌的购物中心或是参加大型社交聚会。因为她知道这些情况会令她焦虑，而她想要不惜一切代价回避焦虑！

瑞秋的例子很极端，但其实我们所有人都和她有类似之处，我们也经常像她那样做，只是程度轻一些。我们都会回避挑战，都想逃离挑战引发的压力或焦虑，适可而止就无伤大雅。但是，如果我们强烈地回避焦虑，就会在长期内深感痛苦。

那么，如何关闭"搏斗开关"？接下来会提供另一种脱钩技巧。

第 14 章　练习创造空间

每一种痛苦的感觉都在提示你一些重要的事。它向你表明你很在意这些事，你是一个"有心人"，你有自己珍视的东西。这也是你和这个星球上所有活着的人的共通人性。每当渴望的现实和实际的现实之间出现鸿沟，我们就会感到痛苦，现实鸿沟越大，痛苦就越强烈。

你的一切痛苦都不表示你这个人很脆弱、有缺陷或是患有"精神疾病"，而是代表你很正常、鲜活、有爱心。向痛苦宣战对你毫无益处，你能否放下搏斗，和痛苦和平共处？

准备好迎接挑战了吗

你是否准备好迎接一个可能对你的生活产生重要影响并富有意义的挑战？我们之前提到了"暴露"这个专业词语：通过触碰困难的事物来学习

有效回应的方法。这正是我们面临的挑战：接触一种困难的感觉，学习为它创造空间，不再用"服从模式"或"搏斗模式"回应它。

你可能还记得情绪包含两种相互交织的成分：认知和身体感受。我们之前研究了认知成分，现在关注身体感受——我们的身体有什么感受，我们的胳膊和腿、脑袋、脖子、背部、胸部、腹部和骨盆这些部位有什么感受。

这项工作通常很有挑战性，有所准备才能成功，请你先做好以下五件事：

明确动机

你是因为什么才愿意触碰一种不适的情绪，练习为它创造空间？如果你的回答是"因为我想感觉良好／快乐／平静／自信／放松"，或是"我不想再感到焦虑／悲伤／孤独／愤怒／内疚"，那么练习"创造空间"不会有效。我们都很清楚，运用 ACT 能够在长期内让你感觉更好——超过 3000 项科学研究证实了这一点——但是，如果你运用 ACT 的初衷是为了感觉更好，就会再次跌入幸福的陷阱，你是在尝试尽力控制自己的感觉。

因此，最明智的是将练习的动机设置在趋向行动的范畴。不妨询问自己：如果我更擅长从不适情绪中脱钩……

- ❀ 我会投入哪些趋向行动？
- ❀ 我将开始、重启或是继续投入什么项目、活动或任务？
- ❀ 我对待自己的方式会有什么不同？
- ❀ 我在最重要的关系中会有什么不同的言行？

如果你在第 10 章已经得到了这些问题的答案，那很好。如果还没有答案，请现在考虑。然后，完成下面的句子（在脑海里或是纸上）：我想要学习这项新技能，以便我能完成重要的趋向行动，比如……

_____

_____

_____

选择难度

为你的感觉"创造空间",这种技能可以根据需要调整,你可以用它处理各种情绪、冲动或身体感受,无论这些感觉是大是小、是强烈还是温和。你最好能从一种低难度的、轻微的感觉开始练习,然后再尝试一些更有挑战的感觉。

我们不能期待学徒水手可以在不接受训练的情况下掌舵一艘船穿越一场大型风暴,学徒水手首先需要学习一些基础知识:如何在安全的天气条件和平静的水域航行。他们在温和的条件下完成足够的练习,熟悉船只的装备,学会各种操作方法和技术动作,然后才可以开始安全的冒险,将船驶入波涛汹涌的海域,或是在恶劣的天气下航行。我们在为困难的感觉创造空间时也需要采用同样明智的做法。在开始阶段,不要选择会淹没你的强烈感觉来练习,而是选择一些难度低的、轻微的感觉作为练习对象。如果有必要,开始时可以选择一个轻微的身体感受来做练习,然后再逐渐处理更强烈的感受。

预料到头脑会干扰

你在做这个练习时,头脑不会帮忙,它应该会评判你的感觉,给你讲关于身体感受的恐怖故事,或是坚称你无法处理这些感受。它还可能说:"别再为这些练习烦恼,看看就行。"(它还建议你"稍后再做",显然这种可能性不大。)

值此良机,恰好可以练习我们学到的技能。你可以像对待门前经过的车辆一般对待想法——你知道它们在那里,但不必在其经过时屡屡望向窗外。允许它们自由来去,你需要做的是继续留意正在做的事。如果你被一个想法钩住(这就好像外面的车子爆胎,发出的动静吸引你凑到窗前观看),那么当你意识到时,就可以温和地承认自己被钩住,再次把注意带回当前做的事。

准备抛锚（如有必要）

在情绪风暴爆发时，你的最佳选择是抛锚。我觉得"创造空间"的练习不至于引发强烈的情绪反应，但如果真遇到这种情况，就请练习抛锚。在完全锚定后，你可以选择从停下的地方继续做实验，或是选择结束当前的练习，再尝试用一些不那么有挑战的感觉来做练习。

接触困难的感觉

接下来的技巧适用于一切情绪、冲动和身体感受，你掌握后就能处理所有的感觉（即便是麻木感或空虚感）。假如你现在就有一种困难的感觉，可以用它来练习；如果没有，不妨选择下面的一种方法，唤起一种困难的感觉。

（1）第一种方法：生动地调取一段痛苦的回忆。（请注意我之前的警告：不要选择一些真正恐怖的回忆，要选择一些相对痛苦的回忆，比如和爱人的争吵、被拒绝的痛苦，或是令你后悔的错误，确保这些不属于创伤性记忆。）尽可能更加生动地回忆，仿佛往事就在眼前，让自己沉浸于引发的情绪。

（2）第二种方法：预想一件即将发生的令人不快的事情，这件事令你非常害怕或担心，尽可能生动地想象它，仿佛它就发生在此时此地。

（3）第三种方法：选择一个当前生活中让你颇感压力的问题。在这个问题及其引发的感觉上停留一分钟，比如你手头拖延的重要任务、健康问题或是人际关系问题。

"驯服"情绪

你做完准备工作了吗？那我们就开始吧。我把这个练习称为"'驯服'（TAME）情绪"。TAME 是练习包含的四个步骤的首字母缩写：

T：注意（Take note，注意并命名身体感觉）

A：允许（Allow，允许感觉如其所是地待在那里）

M：创造空间（Making room，对感觉保持开放，让它自由流经身体）

E：扩展觉知（Expand awareness，扩大注意力范围，涵盖周围的世界）

你可能发现，这个练习和抛锚练习有很多重叠。TAME 中的"注意"和"允许"和抛锚中的"承认"阶段很相似，重点都是注意、命名和允许。而 TAME 中"扩展觉知"则是将抛锚中的"联结"和"投入"相结合。这两个练习的主要区别在于 TAME 中有"创造空间"，这也是我们在向这些感觉开放时最困难的部分。

TAME 包括四个基本步骤，步骤 1 和步骤 3 还包含一些小组块。因此，当你完整做几次练习之后，我鼓励你创建自己的版本，按照你希望的顺序来组合和匹配这些小组块（也可以放弃你不喜欢的组块）。

请至少通读一次指导语，以便了解练习内容，然后从头开始练习。指导语中的……表示你可以在此处暂停 3 ~ 5 秒，专注于提示的内容。

请从容地练习，不要着急。如果你发现有哪个部分做不下去或是无法理解，跳过去即可，没有哪个组块是不可或缺的。

接下来就开始练习，请你坐在椅子上，保持挺拔的坐姿，将双脚平放在地板上，可以闭上眼睛，也可以望向前方某处。首先找到需要处理的困难的感觉，然后就可以开始练习。

注意

A 组块：注意你在做什么

请你怀着一份深深的好奇，仿佛是一个充满好奇的孩子正在探索新鲜事物。怀着真实的好奇感注意你的坐姿……注意你的脚放在地板上……你后背的位置……你的双手在哪里，正在摸什么……

无论你的眼睛是睁着或微闭，都可以注意你能看见的事物……听见的声音……闻到的气味……嘴里的味道……

注意你的头脑正在想什么……你有什么感觉……你正在做什么……

B 组块：注意你的身体

现在，从头到脚快速扫描身体。从头皮开始，向下移动……

（如果你希望回避某些特定的身体部位，没有问题，但是，请你仔细注意你在回避什么部位，稍后我们在第 17 章讨论时可能需要再处理。）

注意你有什么身体感受，在你的……头部……脸部……下巴……喉咙……脖子……肩膀……胸部……上臂……前臂……腹部……骨盆和臀部……大腿……小腿和双脚这些地方。

C 组块：注意你的感觉

现在，请你放大当前的困难情绪（或麻木），看看这种情绪在你的什么身体部位最强烈。仔细观察它，仿佛你是一个好奇的孩子，正在探索一些新鲜而迷人的事物。

（这么做的同时，请允许你的头脑像在后台播放的收音机一样喋喋不休，将注意力集中在当前的感觉上。你随时可能被想法钩住，被带离练习，一旦你发现这点，就承认并脱钩，再次将注意力带回练习。）

注意这种感觉在你的身体上从哪里开始，又从哪里结束……尽可能多地去了解它……

如果让你勾勒这种感觉在身体上的轮廓，想象它会是什么形状……它是 2D 的还是 3D 的？它是在身体表面还是在身体内部，或是兼而有之……它在你体内的深度如何……它在何处的感觉最强烈……又在何处的感觉最微弱……

（如果你发现自己被想法钩住，请承认并脱钩，再次把注意力带回身体感受。)

请继续保持好奇，观察它……它的中心和边缘有何不同？
它的内部有何脉动或振动……它是轻还是重……它是移动还
是静止……它的温度如何……它在何处比较热，又在何处比
较凉……

注意在它内部存在的不同成分……

注意，它并不是一种单一的身体感受；在感受中还有一些
感受……

注意在它内部的、所有的、不同层次的感受……

D 组块：为感觉命名

请你花些时间为这种感觉命名……

默默对自己说，"我注意到我有一种感觉，它是 XYZ"……

(如果你不知道如何命名，用"疼痛""受伤""不适"即可。)

允许

看看你能否允许这种感觉的存在。

你不必喜欢或想要它，只需要允许它……

如其所是……

默默对自己说："我不喜欢也不想要这种感觉，但我会允许
它的存在。"或是简单地说出"允许"这个词。

你可能会有一种想要和这种感觉搏斗，或是把它赶走的强烈
冲动。如果是这样，就请承认这种冲动的存在，但不按照它行
动。同时，继续观察当前的感受……

不要试图消除或是改变你的感觉，你唯一的目标是允
许它……

如其所是……

创造空间

A 组块：将呼吸带入感觉

注意这种感觉的同时，将呼吸带入其中……

想象着你的呼吸进入这种感觉，包围这种感觉……

找到一种让呼吸进入并包围它的感觉……

B 组块：在感觉的周围扩展空间

然后，想象你以一种神奇的方式在你的内在全然开放出一个空间……

你将这种感觉周围的空间全部打开……

你为这种感觉创造空间……

你在这种感觉的周围扩展……给它创造空间……围绕着它扩展更大的空间……

（你的目标是获得一种这种感觉四周的空间被打开的感觉，而不是要挤压这种感觉。你还可以尽可能地让这种感觉周围的肌肉先紧张收缩，然后再缓慢地释放这份紧张感。）

将呼吸带入这种感觉……继续开放空间……在这种感觉的周围扩展空间……

同时，继续观察这种感觉，看看在它之下是什么。例如，在愤怒或麻木的表层情绪之下可能存在着恐惧、悲伤或羞耻之类的深层情绪。

不要试图让一种新的感觉出现。有新的感觉出现很好，没有也没关系。无论你这一刻的感觉是什么，都为它们创造专属的空间。

C 组块：把感觉当作客观物体

感受这种感觉，将它当作客观物体（你不是必须将它视觉化，只是感受它的物理特性就行）……

作为一个物体，它的形状如何，大小如何……

它看起来是液体、固体还是气体……

它是在移动还是静止不动……

如果你能触摸它的表面，那是怎样的感觉……它是湿润还是干燥？是粗糙还是光滑？是温热还是寒冷？是柔软还是坚硬？……

了解你内心的这个"物体"，从各个角度观察它……

如果你喜欢视觉化，请想象这种感觉的颜色和透明度……

好奇地观察这个物体，将呼吸带入它的内部，打开它周围的空间……

你不是必须喜欢它或是想要它……你只需要允许它……

扩展觉知

生活就像一场舞台秀……上演的是你所有的想法，所有的感受，你能看见、听到、触摸、品尝和嗅闻的一切……

我们在这里一直做的是调暗舞台的灯光，然后用聚光灯照向这种感觉……现在，是时候调亮舞台的灯光了。

现在，请用聚光灯照向这种感觉，同时，也开启舞台的灯光，照亮你的身体……

注意你的胳膊和腿、头部和脖子……

同时，注意无论你有什么感觉，你都有能力控制自己的胳膊和腿，随意动一动你的胳膊和腿，确认自己能够自主行动……

现在，伸展身体，注意伸展的过程……

然后，开启舞台的灯光，照亮你所在的房间……睁开眼睛，环顾四周，注意你能看见什么……注意你能听到什么……

同时，注意这里有很多东西，远不止这种感觉。这种感觉是在一个人的身体里，这个人是在一个房间里，而你也在这里，正在处理一些非常重要的事……

通读完以上指导语你就可以真正开始练习，练习需要循序渐进。你可以跳过不感兴趣的组块，但我还是鼓励你都试一试，即便只试一次。

　　准备好真正尝试了吗？开始！

你的进展如何？理想情况是你不再想要和这种感觉搏斗，能够允许它"如其所是"（就像第 3 章提到的那样，就让那本书栖息在你的膝盖上）。如果你很难做到，那并不稀奇。大多数人都做不到。无论是养育子女、保持身材、培育关系、职业发展、艺术创作，还是投身环保：一切有意义的挑战都包含困难。为痛苦的感觉提供空间也是同样的道理。就像学习所有新技能一样，万事开头难，但熟能生巧。

　　这里提供的是一个长时练习，你可以调整成一些短时练习，随意安排这些组块，用 1 分钟或是 2 ～ 3 分钟完成，这样你就拥有了专属 TAME 技巧！

　　另外，在出现困难的情绪时，你可以运用自我关怀式的自我对话。你不妨试试提醒自己有关情绪属性的一些事实：

"有这种情绪很正常，这是对一种艰难情境的自然反应。"

"情绪就像波浪，浪头会达到顶峰，然后消退。"

"我愿意为这种感觉创造空间，尽管我不喜欢它。"

"我不必受到这种感觉的控制，我在拥有它的同时可以选择有效行动。"

"像所有感觉一样，这种感觉也会自由来去。"

"这是一个非常痛苦的时刻，每个人有时都会有这种感受。"

　　也请记得，情绪的一个主要目的是"揭示"。因此，在你为一种情绪创造空间后，还可以多抽出 1 分钟挖掘它的智慧。不妨问自己两个简单的问题："这种情绪告诉我什么最重要？它提示我需要注意什么？"通常（不总是）你很快会得到有用的答案：你的情绪指向你需要处理的问题、需要面对的恐惧、需要改变的行为、需要接受的丧失，或是告知你正处在一段真正重要的关系中。（不过，如果你的脑海里没有浮现出答案，请不要反复思考！相反，这时候，你需要练习自我关怀。）

我们在每一天中都可以练习为各种强烈或是温和的感觉创造空间。充分利用每次机会。你可以尝试较长的版本和较短的版本，还可以做个 20 秒或 30 秒的版本。在遇到交通堵塞、排长队或是等待迟到的朋友时，你都可以借机练习 TAME，从而建设性地利用时间，练习这种改变人生的技能。你越能掌握 TAME 技巧，就越容易投身有效行动。

每当你"驯服"一种情绪，你就朝着理想生命迈近了一步！

答疑解惑

在身体上感受不到情绪，它们都在脑海里

这表明你和你的身体失去了联结，第 17 章会帮助你解决这个问题。

没有感觉，只是麻木

现在，练习为你的麻木创造空间。找到感觉最麻木、靠近死亡、空洞或空虚的身体区域，用 TAME 做练习。当你这么做时，通常就会出现其他感觉。第 17 章也会涉及克服麻木的关键方法。

能感觉到情绪，但很难知道它们是什么，无法命名

如果你很难识别和命名你的情绪，就更需要发展这项技能。因为大量的科学研究已经表明，你越是缺乏这项能力，就越容易被情绪钩住和控制。

对新技能感到茫然，无暇练习

是的，如果你想做的太多，确实容易透不过气！因此，请按照第 9 章末尾处的建议进行练习。

创造空间后做什么

在创造空间后，你需要做一些有意义、有利生活并且符合价值的

事，真正投身一些趋向行动。(有趣的是，我们在为不快的感觉创造空间并投身有意义的活动时，通常就会出现愉快的感觉，请尽情享受。但正如我无数次强调的，获得愉快的感觉并非练习的初衷。我们的目标是投身有意义的活动，而无论感觉如何，这样才能在长期内收获充实的生活。)

尝试为感觉创造空间，但它势不可挡

你可以选择一种困扰你的感受来练习。我们的目标是专心为这种感受创造空间，完成后再考虑处理其他感受。感觉不想做就停下，下一次再看看能否多处理一两种感受，以此类推。如果感觉太困难，请参看第 17 章的策略，然后回来继续。

很难持续专注于一种感受

熟能生巧，同时尽量练习专注于一种感受，如果发现注意力转移到另一种感受上，就请把它再次带回当前感受。

感觉去而复返

我们的很多不适感会反复出现。如果深爱的人离世，你会连续数月一波又一波地遭受悲伤情绪的侵袭；如果你确诊癌症或是其他严重的疾病，你将一次又一次地被恐惧情绪的浪潮席卷。还是那句话：你无法阻止海浪，但可以学会冲浪。

如何用于惊恐发作

每一次惊恐发作都包含三个部分：

(1) 被一些恐怖的想法钩住："我要疯了""我要犯心脏病了""我要死了"。

(2) 和焦虑展开搏斗，继而立刻放大了焦虑。

(3) 过度换气 (呼吸非常快)，引发一些不适但无害的感受，比如

头晕、潮红、头痛、针刺感。过度换气还会让人感觉无法正常呼吸，似乎不能吸入充足的空气。这是呼吸太快造成的。这种情况下，你无法在呼气时将肺部清空，所以下次吸气时就需要努力将空气挤进肺部，而这时肺部还有大半的空气没有排出。

解决方案：

（1）惊恐发作是情绪风暴的一种类型，你首先需要抛锚。在承认阶段，注意并命名想法："我注意到有关死亡的想法""这是一个'心脏病发作'的故事"。

（2）停止和焦虑的搏斗，不再竭力回避、控制或消除焦虑，而是驯服它。

（3）不再过度换气，练习第 9 章提到的缓慢而轻柔的呼吸方法。这能帮助你在呼气时彻底清空肺部——最有必要在感觉无法吸入空气时这么做。只有当肺部清空时，你才能正常吸气。（注意：这种缓慢而轻柔的呼吸方式通常很有效，如果发现无效，就停下，你需要寻求医生或治疗师的建议。）

很多自助方法建议你采取"自我抚慰"策略，当你感觉不好时，可以洗个热水澡、听音乐、读一本好书、冲一杯热巧克力饮品、做按摩、遛狗、从事热爱的运动、和好友共度时光。你是否也推荐这些方法？

如果你从事这些活动主要是为了分散对不快感觉的注意力，是为了回避让你感到威胁和不安的事，这些活动往往很难令你满意，你也很难真正乐在其中。而且，各种类型的注意力分散策略都有"反弹效应"的风险。因此，我推荐你先尝试驯服你的感觉。在保持开放并且为感觉创造空间之后，可以问问自己："我现在最想做的有意义的、有利生活的事情是什么？"这可能是上述某种"自我抚慰"（self-soothing）活动，也可能是其他一些活动。无论是什么，投入其中即可，同时投入全部注意力，这将令你表现更好、收获满满。

我能允许感觉，但只能坚持一会儿，很快会再次搏斗

这很常见，我们通常需要反复练习。（反反复复，一次又一次。）

工作时出现强烈的感觉，或是在其他不适合坐下练习的场合出现感觉，怎么办

只需要几秒钟就能抛锚或是缓慢而轻柔地呼吸，从而驯服感觉，再把注意力带回当前的有效行动。

我不喜欢创造空间

你不必喜欢这么做（我当然也不喜欢）。此时问题就变成了：为建设一种有意义的生活，即便你不喜欢，你还能否愿意为痛苦的感觉创造空间？假如你不愿意，请重读第 3 章，提醒自己和感觉搏斗的代价。

第15章　友善地"驯服"

当我建议卡尔做"友善之手"的练习时，他的第一反应是问："这算是新时代运动⊖的把戏吗？"初次尝试这种练习，很多人都不大愿意做，大家感觉这种练习很奇怪、很做作或"太矫情"。这一点可以理解，因为"友善之手"的练习涉及：①将一只手或双手放在身体的不同部位（或是让它们悬浮在身体部位的表面）；②"向身体内部发送善意"。然而，如果人们能够从这些怀疑和评判中脱钩，真正练习，几乎都会发现这种方法非常有效，可以同步练习脱钩、创造空间和自我关怀。第11章强调了"友善的自我对话"，但很多人发现"友善的自我抚触"（self-touch）更有力量，它能帮助我们在一个比语言更深的层次上表达对自己的关心和支持。

就我个人而言，每当陷入激烈的情绪痛苦，"友善之手"练习就是我

⊖　"新时代运动"（New Age Movement）起源于西方20世纪六七十年代，是促进人类意识转变、心灵回顾和飞跃的一种运动。——译者注

的救星，每当来访者、朋友和家人需要应对悲伤、丧失或是深深的伤害时，我首选推荐的就是这类练习。因此，即使你对这类练习保持高度怀疑的态度，我还是鼓励你尝试一番。你不妨将练习过程当成实验，以下提供"友善之手"练习的一个示例；我们做完后还可以探索其他选择。

练习：友善的自我抚触

请调整到一种舒适的姿势。如果你目前没有困难的感觉，可以用前一章提到的方法唤起一种困难的感觉。

现在，注意这种感觉在你身体的什么部位最明显……

它在什么位置？它是怎样的？

带着好奇观察它……

并且，命名它……

现在，请抬起一只手，掌心向上，看看能否为这只手注入一种友善的感觉……

你曾用这只手传递各种各样的友善，可能是在别人难过时和他们握手，可能是搂抱一个哭泣的婴儿，拥抱一位痛苦的朋友，或是帮助他人完成一件困难的任务。现在，请将那种友善的感觉注入你的这只手……

现在，将这只手轻轻地放在身体上，可以放在身体感觉明显的地方，或是就放在你的心上。

（如果你不愿意触碰身体，可以让这只手悬浮在身体表面。）

然后，看看你能否向内对自己发送善意——感觉、想象或是感受这个过程——让一种温暖、友善和支持的感觉流经你……

就让你的手安放（或悬浮）在那里，轻轻地、温柔地……

感受这只手的温暖流入你的身体……

想象你的身体在那份痛苦的周围软化，放松下来，创造空间……

温柔地抱持这份痛苦或麻木。抱着它，仿佛它是哭泣的婴儿、呢喃的小狗或一件易碎的艺术珍品……

为这种温柔的行动注入关心和温暖，仿佛你正在向一个你真正在意的人表达支持……

让这份友善从你的指尖流入……

现在，开始用两只手。一只手放在你的心上，另一只手放在你的胃部，让它们温柔地停留在那里（或是悬浮）……

友善而温柔地抱持着自己，和自己保持联结，关心自己，给予自己安慰和支持……

还可以默默对自己说些友善的话语，就是当你所爱的人有和你现在类似的感觉时，你会说的那些话……

如果你不知道怎么说，可以试试，"这真的很伤人，我要善待自己"或是"这确实很艰难，但我能够做到"……

持续给自己注入温暖和友善……

不要竭力消除你的痛苦，而是选择为它创造空间……

允许它在此刻如其所是……

给它充足的空间……

继续给自己注入温暖和友善……

花一点时间确认，这种感觉表示你很在意什么……

它是来告诉你一些重要的事，有些事对你真的很重要……

在你想要的和得到的这二者之间存在着鸿沟……

这是你和这个星球上的每个生命、每个有能力关心的人的共通之处……

这个现实鸿沟越大，我们感受到的痛苦就越强烈……

所以，你能不能与它和平共处，即便它的确让你很受伤？

然后，继续向自己发送温暖和友善……

练习接近尾声了……

不妨做做身体拉伸，动一动你的身体……

然后，投入你周围的现实世界……

　　你的练习进展如何？如果你感觉收获不大，或许它并不适合你，但我鼓励你再试试，可以参考以下建议。如果你感觉真的很有用，我鼓励你经常使用，并把它融入 TAME 的常规练习：把你的双手放在（悬浮）身体上完成整个 TAME 练习，向自己传递友善。当你因为焦虑而失眠，或是因为恐惧、失望而早醒时，可以在床上练习。

　　作为上面练习的备选项，你还可以就下述内容做实验：

- 将双手放在你的胸部上。
- 将双手放在你的胃部上。
- 温柔地拥抱自己。
- 拥抱自己，同时温柔地摸摸你的胳膊。
- 温柔地按摩身体感到紧缩或紧张的区域。
- 温柔地用双手捧着你的脸，有节奏地按摩你的太阳穴。

　　你还可以使用"友善之手"完成一个很有力量的练习……

在冲动上冲浪

　　你是否曾经在海滩上观望海浪？留意潮起潮落？一个波浪起初很小，它轻轻地形成，逐渐加速、变大。它继续生长并向前移动，直到达到顶峰，这被称为波峰。一旦达到波峰，它就逐渐消退。我们的冲动也是同样的情形，起初都很微小，逐渐变大，到达峰值，然后减弱。

　　每当出现冲动，我们通常的反应是使用"服从模式"（向冲动投降）或是"搏斗模式"（抗拒冲动）。"在冲动上冲浪"是指我们既不服从也不抗拒冲动，而是对冲动保持开放，为冲动创造空间。如果你给一波海浪足够大的空间，它将会自然地到达波峰，然后消退，不会造成伤害。但是，试想这波海浪在遇到阻力时会发生什么？你是否见过海浪冲上海滩或是撞向岩石？那会发出声声巨响，现场一片狼藉，很可能造成破坏！

因此，"在冲动上冲浪"的说法很贴切：我们对待冲动就如同对待海浪，在冲动上"冲浪"，直至它们自行消退。这种说法由 20 世纪 80 年代的心理学家埃伦·马拉特（Alan Marlatt）和朱迪思·戈登（Judith Gordon）创造，这是他们在成瘾工作方面取得的一个突破性进展。从成瘾冲动中脱钩的原则同样适用于所有的冲动，无论是整天赖床不起、放弃一门课程、吃巧克力、想要报复他人、喝酒、拖延重要任务、自我伤害、摔东西、躲避亲友，还是对所爱的人大喊大叫。

请记住，"在冲动上冲浪"并不是为了回避或消除冲动，而是让冲动按照自己的节奏起伏，这自然引出一个问题……

冲动会持续多久

大多数的冲动（一波"海浪"从开始到结束）大约持续 3 分钟（尽管它们有时会持续更长时间）。当我这么说时，人们有时会抗议说他们的"海浪会持续很久很久"。我都会同情地回应道："嗯，这是真的。当你很自然地出于本能对抗冲动时，它们的确会持续很久。"

我们会用很多方式抗拒冲动：和它搏斗、思维反刍、反思担心、分散注意力、试图推开，还有其他数十种情绪控制的策略。只要我们用这些方式回应冲动，就等于开启了搏斗开关，这会真正延长冲动的时间。但是，如果我们为冲动创造空间，"海浪"通常会起伏得很快并消退。

当然，在富有挑战的情境下，"海浪"不会只有一波，只要挑战持续存在，冲动就会潮起潮落。它们通常快速起伏，但不会彻底消退。但是，只要我们给予"海浪"足够的空间，不和它们搏斗，我们就能自由地投入精力做有意义的事。

简版"在冲动上冲浪"

为了能够"在冲动上冲浪"而不被卷走，我们可以微调上一章的 TAME 技巧。

注意

注意和命名这份冲动。它在你身体上的什么地方最明显？冲动的感觉是局限在某处（例如，嘴里开始分泌唾液），还是类似腿部的不安，或是脖子的紧张？为这个冲动命名，"这是一种要做……的冲动"。

允许

允许这份冲动待在那里，"如其所是"。

创造空间

对这份冲动保持开放，允许它自由地增强、达到波峰和消退。

扩展觉知

扩大注意力的范围。承认这份冲动的存在，同时联结身体，留意周围的世界。

对 TAME 技术的主要改进在于，我们在做这个练习时是将冲动视为一个海浪，带着好奇注视着它，观察它变得强烈、达到顶峰并开始消退。我们可以用 1 ～ 10 分为冲动评分，追踪它增强、达到波峰和消退的过程。例如，"我有吸烟的冲动，现在是 7 分""哦，它已经上升到 8 分""现在它是 9 分""仍然是 9 分""现在降到 8 分""现在降到 6 分"，等等。

为了提升效果，我们可以在练习时引入"友善的自我对话"和"友善之手"。我们可以带着真诚的关心和善意默默对自己说："这很困难，但我可以练习冲浪"或是"我很想服从这个冲动，但是，我允许它起起伏伏，而不跟随它行动"。我们还可以像之前提到的，将友善之手放置在身体上。

The
Happiness
Trap

第 16 章　活在当下

　　苏拉 33 岁生日那天，好朋友们特地为她在当地的咖啡馆举办了一个十分惊喜的生日派对。起初，一想到亲朋好友会聚一堂为她庆生，苏拉就感到很兴奋和感动。但是，随着夜幕降临，悲伤和孤独一阵阵向她袭来。身处聚会，环顾周遭，苏拉的头脑开始给她讲述那个"孤苦伶仃"的故事："瞧瞧你所有的朋友们，大家都有长期的亲密关系，或是已经结婚生子，而你却连个男朋友都没有。你都 33 岁了，我的天！时光飞逝……很快你就会老到不能生孩子了……看看你的朋友们，大家都活得多么充满乐趣……没有人会懂得每晚独自回到空荡荡的公寓是什么滋味……这破日子有什么可庆祝的？你只会越来越衰老、孤苦和悲哀……"

　　"悲观失望电台"就那么一刻不停地播放着。苏拉越是去听，就越会错过眼前的美好派对。她开始无心品尝美食，无暇和人交谈，和当下围绕着自己的温暖、欢乐和爱意失去联结。

　　没错，苏拉还是单身，日益老去，而朋友们都拥有稳定的亲密关系，这是事实。但关键问题是，这个故事是否有帮助？就苏拉的情形来说，显然没有。这还是一个头脑好心帮倒忙的例子，她的头脑试图警告她有个问题必须得到解决！而且，这次派对绝非孤立事件。一年中的大多数时候，那个"孤苦伶仃"的故事都是她自怜自哀的主要来源，反复钩住她，令她日渐消沉。

令人悲哀的是，苏拉这种情况比比皆是。我们越是陷入想法和感觉，和它们纠缠，就越会失去和当下正在发生的一切的联结。这种情况在抑郁和焦虑中尤其常见。我们在焦虑时，很容易被有关未来的故事钩住，认为事情将会非常糟糕，我们肯定会处理得很差；我们在抑郁时，很容易被有关过去的故事钩住，认为自己做过很多错事，以及这对我们的影响糟糕至极。但是，即便你没有受过焦虑和抑郁之苦，你也可能经常被担忧、反刍或纠结钩住。如果你问我是怎么知道的，那是因为我知道你是普通人，我们都一样。

现实是，我们全都会反复被我们的想法钩住，结果被带离自己的生活。通常来说，这种情况每天都会发生很多次。你是否有过这种经历：你一直在开车，抵达了目的地，但没有真正记住沿途的一切？你是否在被问道"今天过得怎么样"时却无法想起怎么回答？你是否发现自己有时在吃东西，但不知道吃的是什么？你是否曾经走进某间屋子拿东西，却忘了要拿什么？你是否在和别人交谈时突然发现完全不知道对方刚说了什么（因为你的思绪刚才游离到了万里之外）？我们每个人都多次经历过类似的事，我们"被自己的想法带走了"，我们的注意力从正在做的事中跑开，"人在心不在"。

假设你想要和某人交谈，然后陷入了"他认为我很烦人""我得去交税"或是"我希望走时别忘了锁门"等想法，你越是被这些想法钩住，就越会在谈话时心不在焉。这一规律适合你做的每件事，无论你是在开车、烹饪晚餐还是做爱：你越是沉浸于想法，就越是难以投入当下的活动。

显然，有时沉浸于想法很有用，对生活有利——例如，当我们为一个开创性的项目绞尽脑汁、在脑海里排练演讲、计划重要的活动，或是解决一个填字游戏时。当我们沉浸在这些有用的、有利生活（帮助我们朝向理想生活）的想法时，就不适合用"钩住"（或"融合"）来形容。只有当我们陷入的想法会让我们偏离理想生活时，才适合使用"钩住"。

不活在当下会有什么问题

如果我们不能保持活在"心理的当下"，不能把全部注意力投入正在做的事，就会造成两个方面的痛苦：错失生活，或者很难把事情做好。我们逐一来看看：

错失生活

当下是我们唯一拥有的生活，我们希望能够充分利用这一刻。三心二意将令我们错失生活。这就如同你在看最爱的电影时戴着一副太阳镜，在听最爱的音乐时戴着一副大耳塞，在做按摩时穿着厚重的潜水服。因为不能全然地活在当下，你将会多么频繁地错失和亲爱之人的深切联结？因为你在吃饭时自动化地狼吞虎咽，你将会多少次错过从食物中获得更多乐趣的机会？如果你渴望欣赏生活的丰富和充实，那么当生活进行时，你必须保持"在场"！

很难把事情做好

引用伟大小说家列夫·托尔斯泰（Leo Tolstoy）的话来说："只有一个时刻最重要，那就是当下！这是最重要的时刻，因为这是我们唯一能够施加影响力的时刻。"想要建设一种富有意义的生活就需要采取行动，而行动的力量仅存于当下。过去已经发生，未来尚未到来，我们只能在此时此地行动。同时，为了有效行动，我们需要保持心理上的"在场"：充分觉知正在发生的事、我们的反应方式和希望的回应方式。如果我们处于自动导航模式，只是"走走过场"，用一种不专注和不投入的态度做事，就很难把事情做好，很可能搞砸和犯错，经常出现一些令自己后悔的言行。

如何才能更好地活在当下

这是一个好问题。你已经学到了很多方法，帮助自己从想法和感觉中脱钩：抛锚、注意和命名、集中注意力和重新集中注意力、为情绪创造空间和在冲动上冲浪。所有这些不同的脱钩技巧，严格来说都是"正念技能"。

现在，我才开始提及"正念"（mindfulness），是因为关于正念存在很多不准确和误导性的概念。例如，人们经常认为这是一种宗教实践，一种冥想类型，一种放松技巧，一种"清空头脑"或控制感觉的方法，或是一种积极思考的方式。但是，你从前面的内容中已经可以清楚地看到上述看法都不正确。

"正念"有多种定义，但没有获得共识的定义。我对正念的定义是：正念是一套助力有效生活的心理技能，涉及开放、好奇和灵活地使用注意力。

因此，练习抛锚、从无用的故事中脱钩、为困难的感觉创造空间、在冲动上冲浪、集中注意力和重新集中于正在做的事，这些都是在用不同的方法来练习正念。这些技能的核心是一种运用注意力的特定方式：开放、好奇和灵活地使用注意力。我们在注意、命名、允许和创造空间的过程中，始终保持着开放的态度，这和搏斗恰恰相反。同时，我们也很强调保持好奇——我的指导语反复提示要"像孩子那般好奇地观察"。这一点很重要，因为即使遇到非常困难和令人不快的事情，如果我们能够真正保持好奇，就能有所领悟和有所收获——无论是关于这些事情的真实本质，还是关于如何有效地做出回应。

保持开放和好奇的同时，我们还要保持灵活的注意力。如果我在餐馆吃晚餐时与你交谈，我会集中注意力于我们的对话，但如果这时我突然闻到厨房散发的烟雾味道，我会很快转移注意力去一探究竟。

我们可以再次审视"生活就像一场不断变化的舞台秀"这种说法。舞台上演的是你全部的想法、感觉、回忆、冲动和身体感受，以及你能看见、听到、触摸、品尝和嗅闻的一切。你有这么一部分自我，有能力缩小或放大演出，随时照亮舞台的任意角落。这部分自我负责所有的注意工作，它是你的"观察性自我"，它正是一切正念技能的核心。有时，你用它照亮你的想法，或是将一种特定的情绪置于聚光灯下；有时，你将它指向周围的世界，照亮你能看见、听到或闻到的东西；有时，你用它缩小和聚焦某一区域；还有时，你用它放大并照亮整个舞台。

我们这里谈论的是灵活的注意力：这是一种根据当下做什么最有用来缩小、扩大、维持和转换注意力的能力。假如你正在正念地行走于郊外，充分感受一切风景、声音和味道，你就正在使用一种开放的注意力；假如你正在正念地完成拆弹工作，作为拆弹专家的你需要的就是一种极度集中的注意力（否则炸弹会爆炸）。

观察性自我、灵活的注意力、脱钩、创造空间、在冲动上冲浪、注意和命名、抛锚，这些术语描述的是"正念"的不同方面。而我们学习这些技能的核心目的是帮助自己活在当下，从而更有效地采取行动，投身更充实的生活。你会注意到，这些练习并不涉及宗教信仰，和冥想无关，既不是积极思考，也不试图让人放松，不是"清空头脑"或是控制感觉。（当然，我们在做这些练习时，不适情绪通常会减轻，困难的想法经常会消失，还常常感到令人愉快的平静和轻松，但这些结果都是"奖励"，而不是主要目的。）以下提供四个简单的正念练习，方便你融入日常生活，无须留出专门时间来做。⊖

⊖ 人们经常把正念归于佛教，这并不准确。佛教只有 2600 年的历史，而正念练习则可以追溯到 4000 多年前的犹太教、瑜伽和道教。不过，ACT 并不是以古代东方传统作为基础的，它是一种现代的、世俗的、基于科学的方法，源于行为心理学的一个分支，有着一个令人费解的、很拗口的名字——"功能情境主义"。

四个简单的练习

我现在将要带你做关于活在当下的四个简单练习。在每个练习中，我都会要求你把注意力集中在此刻体验的某些方面。如果你被想法和感觉分散了注意力，你需要做的是：

- ❀ 让它们像经过的车辆一样来来去去，把你的注意力集中于当前的任务。
- ❀ 当你发现注意力游移时（我保证它会的），温柔地承认这一点，再次把注意力带回当前的练习。

每个实验只需要 30 秒（所以没有理由不完成）。

实验 1：注意环境

当你读完这一段时，放下这本书，留意你周围的环境。尽可能注意你看见、听到、触摸、嗅闻和品尝的一切。你所在房间的温度如何？空气是流动的还是静止的？室内的明暗度如何，亮光是从哪里照进来的？

至少留意 5 种你能够听到的声音，5 种你能够看见的事物，5 种你能够感受到的身体表面接触的事物（比如划过脸颊的空气、后背倚靠的椅子、双脚踩着的地板）。现在放下书，练习 30 秒，注意发生了什么。

实验 2：注意身体

阅读这一段时，请和你的身体保持联结。注意你的双腿和胳膊放在哪里，你的脊柱在什么位置。从头到脚扫描身体的内部，注意你的头部、胸部、手臂、腹部和腿部的身体感受。（如果你不喜欢某些身体部位或是身体感受，留意你如何试图回避它们。）把书放下，闭上眼睛，练习 30 秒，注意发生了什么。

实验 3：注意呼吸

读到这里时，注意你的呼吸。注意你胸腔的起伏，注意空气在鼻孔的进出，感受空气通过你的鼻子。注意你的肺如何扩张。感觉你的腹部被空气向外推着，跟随空气排出肺部的感觉。把书放下，闭上眼睛，练习 30 秒，注意发生了什么。

实验 4：注意声音

在这个实验中，专注于你能听见的声音。注意自己发出的声音（例如，你在呼吸和做动作时发出的声音），所处房间里的声音，外面传来的声音。现在，把书放下，闭上眼睛，练习 30 秒。注意发生了什么。

你注意到了什么？我希望你能发现三件事：

- 我们总是处于感觉盛宴之中，只是通常没意识到这一点。
- 我们很容易就被想法和感觉吸引。
- 当我们意识到自己分心了，就可以脱钩并重新集中注意力。

现在，让我们来探索活在当下和治愈无聊之间的联系。

应对无聊

"活在当下"是指开放和好奇地将全部注意力投入此时此地发生的事。如果我们能够活在当下，就不会陷入和现实的搏斗。

当我们被关于事情是"坏的"或是"错的"的评判钩住时，就会开始和现实搏斗。头脑告诉我们事情不应如其所是，我们也不应是现在的模样，现实错了，我们才是对的。头脑告诉我们，生活在别处会更美好，我们不是现在的样子才会更快乐。每当被这些想法钩住，我们就会被拖入浓厚的心理迷雾，眼里的世界开始变得模糊不清。

　　当我们能够以开放和好奇的态度留意现实时，生活就会非常不同。首先，生活不再无聊。我们被"这里真没意思"的故事钩住时就会感到无聊，接下来就会出现另一个故事，告诉我们如果换点事情做，生活就会更加有趣和愉快。我们的头脑很容易感到无聊，因为它自认为对一切都已了如指掌。我们到了那里，做了那件事，观看了演出，买了件 T 恤，仅此而已。无论我们是走在街上、开车上班、吃顿饭、找人聊天还是洗个澡，头脑都将这一切视为理所应当。毕竟，这些事情之前已经做过无数次了。可见，头脑不会帮助我们投入现实生活，只会"把我们带到"另外的时空。这会导致我们在绝大多数时候都处于"半醉半醒"的状态，很难意识到自身体验的丰富性。生活的舞台秀依然继续，但灯光是如此昏暗，我们仿佛什么都看不见。

　　但好消息是，"观察性自我"时刻待命，我们随时都能用它照亮整场的舞台秀。经由开放和好奇地注意，我们就能最大限度地联结生而为人的体验，而且这种联结是立体的、全方位的。无论这些体验是新鲜和令人兴奋的，还是熟悉和令人不适的，我们都可以与其充分地联结。有趣之处在于，每当我们用这种方式注意那些自认为很熟悉、无聊和平常的体验时，经常能获得崭新的和有趣的发现。为了体验这一点，你可以练习在读这本书时，注意发生了什么。

专注于这本书

　　这个实验的目的是用一种新鲜的方式看待你手中的这本书，用崭新的眼光去探索它。（如果你是在电子设备上阅读或是在听音频书，请随便拿一本书做练习。）想象你是一位好奇的科学家，从未见过这种东西。拿起这本书，感受它在你手中的重量。用手摸摸它的封皮。用手指慢慢翻页，注意纸张的质地。把打开的书拿到鼻子旁闻闻纸香。慢慢翻动几页，注意发出的声音。看看书的封面，注意光如何从书页表面反射，注意光影的形状、颜色、纹理和线条。然后，随便翻到一页，注意文字周围空白处的形状。

　　你发现了什么？你读这本书已经有一段时间了，你之前很可能将这一切视为理所应当，而我们正是这样对待生活的各个方面。正因如此，我想向你介绍如何享受当下。

一个彻底享受的练习

有一种最简单的方法能够帮助我们发展活在当下的能力，那就是将我们的全部注意力投入可能让我们愉快和享受的日常活动。我们经常在新奇的、刺激的或愉快的情况下自发地这样做。或是在乡间散步时，你尽情地盯着田野里的野生动物、树木和鲜花，享受夏日和风的触摸，聆听鸟儿的鸣唱；或是在和你爱的人亲密交谈时，仔细聆听他们说的每一个字，凝视着他们的双眸，感受彼此之间的亲密；或是在和孩子或心爱的宠物玩耍时，你全然投入，感到乐趣无穷，不知今夕何夕，对其他事情完全失去了兴趣。

不幸的是，这些时刻很难持久。头脑很快会用一个扣人心弦的故事吸引我们的注意力，将我们带离当下的体验。但是通过练习，我们就能在意识到这一切发生时立即脱钩，重新集中注意力。我们还可以积极地沉浸在美好的体验中，真正品味它。我们越是能这么做，就越能从生活的诸般乐趣中收获满足和充实。（处于自动导航模式会让我们将很多体验视为理所当然，并错失它们。）因此，为了发展这项能力，我们可以练习专注于愉快的事。

专注于愉快的事

每天至少要做一两项愉快的活动。你选择的这些活动需要符合你的价值，而不是为了回避，换言之，你做这些事是因为它们很重要、有意义、对生活有利，而不是为了回避"糟糕的感觉"。这些活动不必很令人兴奋，可以是很简单的事，比如吃午饭、撸猫、遛狗、听鸟叫、拥抱孩子们、晒太阳或是聆听最喜欢的音乐。

　　从事这项活动时，佯装自己是第一次做。真正注意你能看见、听到、嗅闻、触摸或品尝的事物，充分品味每时每刻。完全专注于做的事，充分打开五感。例如，你可以在下次洗热水澡时做练习，注意水的各种声音：水如何从喷头流出，如何冲洗你的身体，流入下水道时如何汩汩作响。注意水流接触后背和腿部的感受，注意沐浴皂和洗发水的香气，注意水蒸气在向上蒸腾，注意你的身体反应。注意你产生的愉悦的感觉。

　　每当出现想法和感觉，承认它们的存在，重新把注意力集中于沐浴的过程。一旦发现注意力的游移（它肯定会的），就承认发生了这种情况，然后脱钩并再次专注沐浴。同时，尽情品味这个过程中的每时每刻。

两个不很愉快但很有价值的练习

　　本章即将结束，我们会提供两个很有价值的练习，帮助你发展活在当下的能力。最棒之处在于你无须专门抽时间练习，完全可以将它们融入日常生活。你练习的是在日常生活中活在当下。这些练习不像之前的练习那么令人愉快，因为你需要做的事情会有些挑战。请你每天至少选择两项自己感觉无聊、乏味或烦人的活动，可以选择你通常讨厌的任务、处在自动导航模式下做的事情，或者你会尽量快速对付完成的一些任务。

　　如果感觉以下建议不适合，你可以提出自己的版本。理想情况下，每天至少做这两个练习各一次。（多多益善，但即便每周一次也聊胜于无。）

专注于晨间活动

　　选择一项日常的晨间活动，比如刷牙、梳头、整理床、刮胡子或化妆。（沐浴不算数，因为这种活动天然令人愉快，你需要选择一些无聊、乏味或"麻烦"的事。）请将全部注意力投入这项活动，注意你看见、听到、触摸、品尝和嗅闻的事物，就好像你是一个好奇的孩子，正在探索初次尝试的这项活动。就让你的想法和感觉自由地流动，如果你被钩住，你也知道要怎么做：承认、脱钩、再次集中注意力。

在开始阶段，每天可以练习一种晨间活动。随着能力的提高，之后可以逐渐扩展到更多的晨间例行活动。

集中注意一件有用的事

选择一件你不喜欢，但从长远来看对你有帮助的"苦差事"，比如熨衣服、洗碗、清洁汽车、烹饪健康饭菜、给孩子们洗澡、按摩宠物驴⊖——这都是一些你很快就想回避的任务。然后，每当你做这些事时，给予它们全部的好奇的注意力。

例如，如果你正在熨衣服……

* 注意衣服的颜色和形状。
* 注意由折痕和阴影形成的图案。
* 注意这些图案随着折痕的消失而变化。
* 注意蒸汽的嘶嘶声，熨衣板的嘎吱作响，熨斗在衣物上移动的微弱声音。
* 注意你的手抓着熨斗，你的手臂和肩膀的运动。
* 如果感到无聊或沮丧，承认这些感觉，为其创造空间，重新把注意力投入正在做的事。
* 让你的想法和感觉自由地流动，在需要时练习承认、脱钩和重新集中注意力。

付诸实践

随着练习，苏拉活在当下的能力有所提升，她开始欣赏自己在生活中拥有的一切，而不是总盯着自己没有的东西。她已经能够和所爱的人建立

⊖　把这件事写进来，我想看看你在阅读时有没有注意到。

更深的联结，更专注地投入工作和家庭中的困难任务，也更善于享受和满足于生活中的小乐趣。这一切对于她缓解抑郁都发挥了重要作用。（然而，我不想让你认为这种方法是"速效解决方法"，能一夜之间改变她的生活。这些只是苏拉旅程的一部分。我们之后还会看看她接下来做了什么。）

我期待你也能在生活中有这些收获。你可以从上述日常练习开始——专注于愉快的事或晨间例行活动，专注于有利生活但会令人感到无聊的"苦差事"。此外，你每天还可以随时练习"注意环境"。我们希望你能逐渐在生活中的更多领域练习"活在当下"，直到不再认为它们是"练习""锻炼""实验"，我们希望你能够自然而然地活在当下。

随着时间的推移，这会令你的生活方式发生真正深刻的变化：你不会再"错失"生活，而是开始"充分利用"你的生活。

第 17 章　重回身体

　　我们和身体越是"失联"，我们就越是"没感觉"。这是因为我们的身体感受（来自身体内部发生的所有生理变化）构成了一切情绪的内核。因此，如果你主要是"在头脑里"体验情绪和冲动，就表明你和身体是"割裂"的，你只是进入了情绪的认知成分，而没有接收情绪的身体感受。同时，如果你只能感觉到内在的麻木、空虚或"心如死灰"（这些感受在创伤或重度抑郁症的情况下很常见），就说明你和身体处在极端"失联"的状态。

　　大约 10% 的人发现自己很难接触自己的情绪。（这通常伴随着情绪命名的困难。）好消息是，如果你练习和接受身体的感受，就能更好地接触情绪——这种能力非常有益。这包括：

- ❀ **活力**。你会获得一种活力感，一种"回归生活"和"本自具足"的活力感。

❧ **快乐和满足。**切断和身体的联结会帮你回避痛苦的感觉，但同时也会切断你与快乐情绪和感觉的联结，比如开心和幸福。因此，联结身体能让你接触全部的情绪和感觉，包括痛苦的感觉（比如悲伤、愤怒和焦虑）和快乐的感觉（比如爱、满足和开心）。

❧ **控制行为。**你越是不能觉察情绪，就越是不能控制行为。当我们开始觉察自己的感觉时，就很难再被感觉钩住和戏弄。

❧ **明智的选择和更好的决定。**大量的研究表明，我们越是善于接触自身的情绪，就越能做出有效的决策和明智的选择。

❧ **直觉，信任，安全。**我们的身体感觉经常提醒我们在意识层面无法觉察到的威胁和危险。如果不能获取这些"直觉"或"直接反应"传递的信息，就可能不知不觉陷入危险之中，或被人利用。

❧ **身体是最安全的港湾。**安住在你的身体里，你会感觉到不安全吗？如果你希望能够在身体里更多地感受安全，最好的选择就是开始探索身体，练习用更好的方法处理出现的困难感觉。如果不这么做，你的身体就会始终像一个黑暗的洞穴，暗藏着你不惜一切代价想要回避的魔鬼。

❧ **成功的生活。**生活中的成功和心理学家所说的"情商"之间有直接的联系，情商涉及有效处理情绪，充分利用情绪来激励、沟通和揭示（见第12章）。学会接收身体感受并接触情绪对于提高情商非常重要。

❧ **改善人际关系。**想令生活有意义和回报，关键在于培养强大和健康的人际关系，无论是和谁的关系，包括伴侣、朋友、孩子、家人、同事或社区成员。如果不能随时准备好接触自己的全部情绪，我们就将处于很不利的地位。因为，情商对于建立良好的人际关系很有必要，情商意味着我们不仅要善于处理自己的感觉，还要有能力共情他人和应对他人的情绪。

你看过无声电影吗？无声电影通常无法令人很满意，电影画面可能很棒，但没有音乐、对话或音效，你会失去很多体验。如果你仔细观看，多少也能明白它的意思，但也很可能误解电影内容。我们在与他人互动时，如果切断和自身感觉的联结，就和看无声电影差不多。在这种情况下，我们很容易误读他人想要什么或是不想要什么，误会他人的意图和感觉，也就很难看到自身的行为会对他人产生什么影响。

本书中的很多练习都能帮助你调整身体感受：抛锚的联结身体步骤（第 5 章）；集中注意力伸展的动作（第 9 章）；驯服感觉（第 14 章）；友善之手（第 15 章）。如果你发现自己很难接触情绪，规律地进行身体扫描会很有帮助。

身体扫描

身体扫描即扫描你的身体（或是身体的一部分），接收身体感受，好奇地注意感受，允许它们待在那里。身体扫描的时长是很灵活的，从 30 秒到 30 分钟不等。通常，你可以从 3 ～ 4 分钟的短时练习开始，逐渐增加时长，练习多多益善。最理想的是每天练一次，不过每周一次也比不练要好。

假如你发现自己在回避身体的特定区域和部位，不妨设置一个挑战：随着时间的推移，逐渐开始觉察这些地方。可以每天（或每周）选择一个你通常会回避的身体区域，专注于感觉这个区域，专门花时间练习。例如，第一次专注该区域时，你可以用 2 秒的时间，第二次练习时增加到 4 秒，第三次坚持 6 秒。等你能够专注于该区域 10 ～ 15 秒之后，就可以选择用另一个困难的区域练习。就这样逐渐"扩大版图"，直至你能从头到脚完整地做身体扫描，不需要再回避某些身体部位。（如果这样做引发了困难的想法和感觉，可以充分发挥脱钩的技能。）

如果身体某个区域完全没感觉，不妨创造一些感觉，可以移动那个身体部位（例如，转动一下脚趾），用手使劲摩擦该部位，或是让该区域的肌肉紧绷起来。

以下提供一个简版的身体扫描，你不妨试试看。初次尝试时，你可以在每个指令上停留约 15 秒，完成全部练习需要 3 分钟左右，然后，你可以将停留在每个指令上的练习时间逐渐增至 25、35 或 45 秒。请通读以下指导语，大致了解练习内容之后开始练习。

简版身体扫描

请你调整到一种舒适的姿势，可以闭上双眼，也可以轻轻地目视前方。这项练习的目的是缓慢地扫描身体，专注于遇到的感觉——无论这些感觉有多么微弱。观察每一种感觉，仿佛你是一个好奇的孩子，之前从未有过这些感觉。注意到感觉时，不要和它们搏斗，无论这些感觉是愉快的、中性的还是令人不快的，允许它们的存在。

与此同时，将你的头脑当成背景中喋喋不休播放的收音机（但是，不要试图忽视或关掉它）。你会很自然地经常被钩住，脱离练习的轨道。每当发现这一点，承认是什么钩住了你，并再次把注意力集中在身体上。

花 15 秒时间，怀着好奇，留意以下部位的身体感受：

- 脚和脚趾
- 脚踝
- 小腿
- 大腿
- 臀部和骨盆
- 腹腔（腹部）
- 胸部
- 手和手指
- 前臂

- 上臂
- 肩膀
- 脖子
- 头部

你的进展如何？大多数人开始练习时都觉得很有挑战，抱怨说，像这样保持注意力令人感觉不适、无聊或困难。然而，规律的练习能带来巨大的收获。

每当你辗转反侧、无法入睡时，就可以做这个练习，总比躺在那里要好得多。

第18章　担忧、思维反刍和纠结

"别担心！"

你是不是经常听到这个似乎应该很有用的建议？更复杂的说法是："能做什么就做什么，没什么能做的，担心又有何用？"或者更简单的说法是："振作起来，不要杞人忧天。"

说"别担心"容易，做到却很难。事实上，通常人们试图停止担心的方式，比如第3章探讨的很多搏斗策略，在长期内会让人们越来越担心。特别值得注意的是，有些方法很容易产生反弹效应，诸如消除担心、分散注意力、试图"不去想"、对自己说：

"振作起来！"

这些方法可能（如果你很幸运）在短期内缓解你的焦虑，但从长远看，焦虑情绪会变本加厉。

思维反刍和纠结也是同样的道理。我们都经常陷入这些心理过程，不容易停下。这些心理过程有可能被阻断，但这需要我们的努力。开始讨论这个问题前，有一个问题需要回答。

我为什么会一直这样

这个问题本身也是人们最常见的思维反刍内容，它确实需要一个答案。思维反刍、担忧和纠结本质上都是人类解决问题的过程。"思维反刍"是解决过去的问题："为什么发生这么糟糕的事？为什么这种事继续发生？""担忧"是忙于解决未来的问题："如果真的发生这么糟糕的事，该怎么办？""纠结"可能是针对过去、现在或未来，也可能和另一个版本的现实有关："如果某些事情发生，生活会有什么不同？"

人类的头脑本质上就是一部问题解决机器，它始终关注两个主要问题：①如何得到想要的；②如何回避不想要的。我们的担忧、思维反刍和不安标志着头脑在"超速解决问题"，头脑一遍又一遍地思考问题，开足马力拼命寻求一种最佳解决方案。但这种情形就如同一辆困在沙地中的汽车：发动机全速运转，车轮疯狂打转，汽车却原地不动。

换言之，思维反刍、担忧和纠结的方式在解决问题方面是无效的，这些认知过程消耗了我们大量的时间、精力和注意力，即便能够得到解决方案，速度通常也会极其缓慢。

既然如此，我们为什么还会一直这样？嗯，这些心理过程总是被某类问题触发：困难的情境、困难的想法、困难的感觉，或是它们的随意组合。为了应对这些触发因素，我们就会陷入思维反刍、担忧和纠结，试图解决问题。这些心理过程的"回报"主要包括：

（1）**让我们暂时逃离不适感。**陷入思绪中，我们的注意力就会从身体不适中转移。

（2）**让我们得到问题的答案。**通过这种方式寻求问题的答案，可能需要花费很长时间，但我们最终（通常）会得出一个答案或是问题的解决方案。因此，很多人会说，"担忧帮我做好了最坏的打算"或"思维反刍有助我理解自己"。

（3）让我们感觉自己在努力工作。这些认知过程很费力气，这让我们感觉自己在努力解决问题，正在做有用的事，似乎取得了一些进展。

（4）让我们回避行动引发的不适感。陷入这些认知过程，我们通常就能回避困难或是有风险的行动：我们远离了具有挑战性的情境，回避做出艰难的决定，拖延渴望做的事情。（这在经济学中被称为"分析瘫痪"。）这种方式会让我们在短期内从所有困难的想法和感觉中解脱——尤其是焦虑、自我怀疑和对失败的恐惧——而当我们最终采取行动或是做出决定时，所有这些困难的思绪必然再次出现。

或许，我们不会获得上述全部"回报"，但通常多少都有一些类似的"收获"。（通常还有其他一些"回报"，比如从他人处博取同情、支持和理解。）当然，我们并不是为了这些"收获"才故意选择陷入担忧、纠结和思维反刍。事实上，大多数人都对这些做法的"回报"一无所知（直到一些无所不能的心理自助大师好心指点）。但无论如何，这些结果还是会发生。（心理学家称之为"有强化作用的后果"：随着时间的推移，我们的行为后果和结果将会强化或增强行为本身。）这些"回报"足以让我们继续采取这些行为，即使在逻辑和理性层面上，我们很清楚这些做法不能让我们过上理想生活。

只有开始打破这些习惯，思维反刍、担忧和纠结的"回报"才更明显——尤其是回报1（逃离不适感）和4（回避行动引发的不适感）。当我们打断和缩短这些心理过程时，通常会在短期内感到更加不适：我们会体验到全部那些原本我们可以在短期内回避的不快情绪，包括焦虑和恐惧在内。每当那些感觉浮出水面，我们的自动反应模式就会立即返回担忧、纠结和思维反刍状态。（这些反应在很大程度上是自动化的，不是有意为之，人们通常意识不到这一切的发生。）

我们现在知道自己持续陷入思维反刍、担忧和纠结的原因了，也了解了为什么打破习惯那么难。下一个问题是你是否愿意尽力而为？

你是否愿意尽力而为

如果你想更少地卷入这些心理过程（没有人能完全停止它们），这就需要你：

- 愿意练习新技能来阻断这些心理过程。
- 愿意为在短期内变得更强烈的不适情绪（尤其是焦虑）创造空间。（当然，从长远看，不适情绪会减轻。这是一种权衡：用短期痛苦换取长期利益。）

因此，请花时间思考：你是出于什么重要的考虑而愿意做上面这些事？例如，如果你不再那么担忧、纠结和思维反刍，那么：

- 这对你最亲密的关系有何帮助？
- 这会如何影响你的健康幸福？
- 这会如何影响你的工作表现？
- 你在和谁相处时会更加活在当下？
- 你会更加专注投入什么事情？
- 你会用从这些情绪中解放出来的时间精力做什么？

请花至少几分钟思考答案，询问自己："为了获得这些利益，我是否愿意做出相应的努力？我是否愿意练习新技能，为短期内不适感的激增提供空间？"

如果答案是"不愿意"，请你善待自己。自我打击毫无帮助，不妨练习自我关怀。从所有的自我评判中脱钩，为诸如悲伤、失望或沮丧等感觉创造空间，进行友善的自我对话。提醒自己，我们有时愿意尝试做一些艰难的事，有时不愿意——这都无妨。人都会这样，没有人是完美的。你现在可能不愿这样做，希望你以后会愿意。

如果答案是"愿意"，就请尽可能地尝试下述策略。

注意和命名，活在当下，集中注意力和再次集中注意力

如果你的头脑此刻不是特别活跃，使用一些注意和命名的策略就足以

扰乱它的活动："这是担忧""我在为我的健康状况感到不安""谢谢你，头脑，我知道你很想帮忙，但我能善加处理"。

结合上述技巧，我们还可以注意当前正在做的事情，反复将注意力带回当下，专心致志地投入正在做的事。

抛锚

如果你的头脑正在开足马力运转，你最好选择抛锚。

承认想法和感觉："我的头脑正在飞速运转""我感到胸闷"，保持开放，允许它们待在那里。

联结身体：缓慢地拉伸、伸展、移动或呼吸。

投入正在做的事：再次把注意力集中于正在做的事。

重复以上循环至少 3 ～ 4 次。

创造空间和自我关怀

如果出现不适感（这很有可能），就为它们创造空间，使用第 14 章和 15 章提供的合适技巧，比如注意和命名、好奇地观察、带入呼吸、将感觉外化成物体、在感觉的周围扩展空间，或是将友善之手放在身体感觉不适的部位。同时善待自己：承认痛苦，用友善的话语和行动回应痛苦的感觉，包括提醒自己，这种短期不适能够换取生活长远的积极转变。

注意、命名和允许"侵入性"想法、感觉或回忆

有时，触发这些认知过程的"扳机"是一种"侵入性"的想法、感觉或回忆。（例如，我们会反复出现一种想法、感觉或回忆，令我们排斥、心烦和不安。）如果我们驱逐、压抑这些"入侵者"或是转移注意力，就会开启一种恶性循环：我们能让"入侵者"在短期内消失，但会出现"反

弹效应"，它们会以更高的频率或强度再次返回。因此，每当它们出现时，我们真正需要做的是：注意和命名，保持开放和允许。如有必要，结合抛锚一起使用。通过这种方式，我们就能打破这种恶性循环。

经常使用，广泛应用

你可以将上述策略应用于所有给你造成困扰的认知过程，包括白日梦和幻想等。针对反复出现的困难回忆，使用这些策略极有帮助。每当我们被回忆钩住，我们要么服从（给予它们全部注意力，因而错失生活），要么搏斗（使用所有常见的方法，结果也很常见）。我们提出的上述方法也都适合处理回忆：注意和命名回忆、抛锚、为回忆引发的各种感觉创造空间、练习自我关怀、重复地关注或再次关注正在做的事。大脑没有"删除键"，无法消除痛苦回忆，但随着时间的推移，当你善待自己，允许回忆的出现而不和它搏斗时，你会发现两件事：那些回忆出现的频率降低了，它们逐渐失去了影响力。

我们还可以用这些策略来阻断对情绪的思维反刍。

对情绪的思维反刍

我们在思维反刍、担忧和纠结时，通常都以感觉更加糟糕来收场。为了叫停这个过程，头脑通常会这么说：

* "我为什么有这种感觉？"头脑的这个问题将会引导你对自己所有的问题一探究竟，试图弄清引发当前这个感觉的种种原因，这会很自然地令你感觉更糟糕，因为这个问题制造了一种幻觉：你的生活一无是处，充满麻烦。
* "我做了什么，要我承受这些？"这个问题会令你陷入自责。你会因

为做过的所有"错事"而严厉地苛责自己，试图弄清为什么宇宙要惩罚你，这会令你感到自己没价值、很没用、"很差劲"和很匮乏。

❀ "我为什么会这样？"这个问题会导致你搜寻自己的整个生活史，探究你为什么是现在这样。这会经常引发生气、憎恨和无望的感觉，也会经常以怪罪父母、基因或大脑的生化反应告终。

❀ "我处理不了！"这个主题的变奏曲包括"我无法忍受""我无法应付""我要崩溃了"，等等。你的大脑基本上是在告诉你这种故事：你太脆弱，无法处理这个问题。如果你继续有这种感觉，后果会很严重。

❀ "我不应该有这种感觉。"这个例子很经典！此时，你的头脑选择和现实争论。现实是，你现在的感觉就是现在的感觉，头脑却说："现实错了！事情不应如此！快停止！给我想要的现实！"这种争论将会引发连续数小时的思维反刍，我们会反复思考：唯有拥有不同的感觉，才能让生活更美好。

还有什么选择

面对情绪时，除了思维反刍、担忧和纠结，你的另一种选择是注意、命名和允许情绪，为情绪创造空间，善待自己。如果你能抽出一分钟询问自己："这种情绪告诉我什么真正重要？它提示我需要注意什么？"正如第14章提到的，你通常（不总是）会发现这种情绪在提示你要重视什么，比如，一些极其重要的事物，一个亟待解决的问题，你需要面对的恐惧，你需要改变的行为，一段对你而言非常重要的关系，或是一种你需要接纳的丧失。

在想法的溪流中自由进出

上述所有方法都能帮助你显著地减少思维反刍、担忧和纠结，但如果你能练习"在想法的溪流中自由进出",效果将会更好。这个练习的灵感来自心理学家阿德里安·威尔斯(Adrian Wells),不到六分钟就能完成练习。(就如本书中的所有练习一样,练习多多益善,可以每天做一次,每周做一次也聊胜于无。)

当我们思维反刍、担忧、纠结、做白日梦或陷入幻想时,我们就会被"想法的溪流"卷走。因此,我们要练习从想法的溪流中进出自如,每当发现被卷走了,就"让自己跳出来"。A 部分相对容易,我们要练习从令人愉快的想法中自由进出,B 部分更有挑战性,我们练习从不适的想法中自由进出,但这部分很有必要。最终,你需要能够从所有想法的溪流中进出自如,无论它们是令人愉快还是令人不适。

首先,通读指导语以了解练习内容,然后投入练习。你可以使用计时器、手表或手机小程序来辅助完成。

A 组块:从愉快的想法溪流中自由进出

步骤 1:设置计时器为 30 秒,然后练习,立即开始做白日梦或幻想一些愉快的事情,尽可能沉浸在白日梦或幻想中。

步骤 2:铃声一响(30 秒后),立即再用 30 秒抛锚。(这一步不需要计时,大致估算即可。)抛锚时,确保你承认当前出现的想法和感觉(记住,不是分散注意力)。例如,默默对自己说:"这是一些愉快的想法。"锚定之后,确认自己拥有选择权:你可以回到愉快的想法溪流,也可以专注于正在做的事。然后,再次设置计时器为 30 秒。

步骤 3:现在,再次跳入愉快的想法溪流,用大约 30 秒深陷其中。

步骤 4:计时器响起时,抛锚 15 ~ 30 秒。然后确认自己拥有选择权:你可以回到想法溪流,或是投入现实生活。

步骤 5:最后一次设置计时器,再次返回愉快的想法溪流,停留 30 秒。

步骤 6:计时器的铃声响起时,再次抛锚 15 ~ 30 秒。

B 组块：从不愉快的想法溪流中自由进出

B 部分更有挑战性，但如果你想要有收获，就不要跳过。其实，它和 A 部分完全一样，唯一不同的就是这一次不是进出愉快的白日梦或幻想，而是进出担忧、思维反刍和纠结的想法溪流。

步骤 1：邀请一些令你担心、思维反刍或纠结的事情进入脑海，再次设置计时器为 30 秒。然后，尽可能被这些想法钩住：30 秒内尽量让自己陷入担忧、思维反刍和纠结。

步骤 2：当计时器的铃声响起，抛锚 15 ～ 30 秒。同样地，承认当下所有困难的想法和感觉（以防这个练习用作分散注意力）。例如，默默对自己说，"这是焦虑"或"这是一些可怕的想法"。锚定之后，确认自己拥有选择权：你可以回到想法的溪流，也可以将注意力集中在周围世界或是正在做的事。

接下来，设置计时器为 30 秒。

步骤 3：现在，继续用 30 秒迷失于想法的溪流，一定要让自己担忧、纠结或是激烈地思维反刍。

步骤 4：计时器铃声响起时，抛锚 15 ～ 30 秒。然后，留意你拥有选择权：你可以回到想法的溪流，也可以活在当下。

步骤 5：最后一次设置计时器为 30 秒，返回那一连串艰难想法的溪流，让它卷走你 30 秒时间。

步骤 6：计时器铃声响起时，再次抛锚 15 ～ 30 秒。

现在，你已经了解了练习内容，继续阅读之前请完成练习。

你的进展如何？如果你像大多数人那样，就会发现自己有时很难离开想法的溪流，甚至不想离开！这和我们成天担忧、思维反刍和纠结时的情形是不是一样？即使很清楚这些做法毫无帮助，我们还是被感觉拖入其中，根本停不下来。但是，我希望你在练习后发现自己能更容易地脱钩和再次集中注意力。如果没有这种效果，就再试一次。这次，当计时器响起时，一定要努力抛锚，确保注意并命名当前的困难想法和感觉（而不是试图转移注意力），同时动一动身体，再次关注周围的世界。

　　你需要每天反复练习，一旦发现自己迷失于想法的溪流，抛锚 15 ～ 30 秒，承认你拥有选择权，返回想法的溪流，听任它将你卷走，同时全然活在当下，投入你正在做的事。

　　这种做法是不是在忽视我们的问题？绝对不是。第 23 章还会教授你如何在自身价值指导下有效解决问题，然后创建行动计划来处理问题。如果你愿意，现在就可以跳到那里。如果你能再坚持一会儿，我们就先来欣赏关于你的纪录片。

第 19 章　一部关于你的纪录片

你最不喜欢自己什么？我问过成千上万人这个问题，无论是针对个人还是针对团体，得到的常见回答是：

- 我太害羞 / 害怕 / 焦虑 / 贫穷 / 脆弱 / 被动。
- 我很愚蠢 / 可笑 / 混乱。
- 我很肥胖 / 丑陋 / 身材不佳 / 懒惰。
- 我很自私 / 挑剔 / 傲慢 / 虚荣。
- 我很爱评判 / 愤怒 / 贪婪 / 攻击 / 厌烦。
- 我是一个没有成就的人 / 失败者 / 屡屡失败的人。
- 我很无聊 / 沉闷 / 一成不变 / 过于严肃。

以上这些还只是一小部分答案。所有回答都指向同样的基本主题："我不够好。"这就是头脑反复传递给我们的信息。第 11 章提到过两位教练：第一位教练属于严厉的类型，第二位教练属于鼓励和友善的类型。上述这些回答恰好表明我们的头脑正在使用严厉和批判类型的教练的方法，这种通过凸显、夸张我们的不足和缺陷来试图帮助我们的方法是错误的，它并不能帮助我们"提高""成才""表现更好""更加适应""取得更大成就"。而且，像这样持续不断地自我批判还会增加我们的匮乏感、低价值感，令我们感觉自己很不可爱。

针对这种情况该怎么做？我们已经探讨了人们和消极想法搏斗的常见策略：挑战想法，推开想法，转移注意力，回避人、地点和活动等触发因素，使用酒精、食物或是通过其他物质成瘾方式获取片刻的解脱，形成"讨好型"人格，追求完美，等等。我们也讨论过，尽管这些方法通常能够在短期内缓解痛苦，却无法永远消除那些令人痛苦的想法（大脑没有删除键）。同时，过度或是不恰当地使用这些方法会付出很大的代价。不过，我们还没提到西方世界最流行的一种心理自助概念，那就是：

图　19-1

老师、父母、教练、治疗师、朋友和家人全都告诉我们拥有"高自尊"很重要，我们也都向他人鼓吹这一点。（我在发现 ACT 之前也是那么干的。）这种思路为什么很受欢迎？很明显，我们被"不够好"的故事钩住不会带来帮助，因此，从"常识"出发的解决方案就是：用积极的故事代替消极的故事，关注你的优势、成功和美好，创建积极的自我形象，紧紧守住这个形象，持续驱逐那一版老生常谈的"不够好"的故事。

但这种方法真的有效吗？你已经试过了吗？在亲自尝试后，你会发现这种方法的四大问题：

（1）**你无法说服头脑。**你竭尽全力地说服头脑自己是"好人"。你举出以下论据："我工作出色，锻炼规律，饮食健康，乐于助人，所以我是好人。"你总算确信自己是"好人"了，在那一刻，你拥有了"高自尊"。但好景不长，头脑很快说："是的，你就逗自己玩吧，你心里很清楚你还是不够好。"

（2）**让人筋疲力尽。**如果你选择这种方式，就必须持续向头脑证明你真的是好人。你必须竭尽所能收集积极的想法，不断反驳"不够好"的故事。而且，头脑还有一支自我评判的大军蓄势待发！就在你犯错的那一刻，当你停止做能够自证"我是好人"的事时，自我评判的大军就会发起总攻。假设你停止锻炼几天，就会自我批判说："瞧见没？我就知道你坚持不了！"假设你对朋友发脾气，就会自我批判说："你可真是个糟糕的朋友！"假设你在工作中犯了错误，就会自我批判说："天啊，瞧瞧你这个失败者！"

（3）**这些"大炮"只会延长战斗时间。**人们和想法开战时，经常抬出"积极的自我肯定"这台"大炮"助阵。这种很受欢迎的自助技术鼓励大家反复告诉自己一些积极的事情，比如"我值得最好的""在每一天，在各个方面，我都会越来越好""我很爱我现在的模样""我充满力量和勇气""我要对自己的感受负责，今天我就要选择幸福"。这种方法的弊病是：大多数人根本不相信他们说的这些话。这就类似我说"我是超人""我是神奇女侠"之类的，无论你多么频繁地对自己说这些，你都不会真正相信，是不是？

（4）**积极面会吸引消极面。**另一个问题是，我们使用的所有积极自我评判，即便它们都是"真的"，也会自然地引发一种消极反应。如果我们说"我是好人"，头脑就倾向于回答说："不，你才不是！还记得你做的那些事情吗？"即便我们说"我接纳自己"，头脑也通常会说："不，你才不会接纳！你怎么可能接纳你的大腿、皱纹、妊娠纹、牙齿和啤酒肚？又怎么能接纳你这一身的坏毛病？"

难道你真的希望每天都这么生活？和自己的想法搏斗？努力向你的头

脑证明你是好人？持续被迫地自我证明或是赢得价值感？如果你继续走这条路，估计你会顺利形成"脆弱的自尊"。这一点在完美主义者和有强迫倾向的高成就者当中极其普遍，他们的自尊在很大程度上依赖于工作出色。每当表现很好，他们就感觉很棒；但随着成就的下滑（或早或晚，一定会的），他们的自尊就开始崩溃。他们就是这样进入恶性循环，催促自己表现更好的压力与日俱增，他们会深陷高压、疲惫、"职业倦怠"和抑郁的感受。

现实是，无论你多么努力和"不够好"的故事搏斗，它都会变着花样儿地不请自来。因此，你是否希望余生都陷入战斗？难道你不希望用这些精力去过一种更令人满意的生活？如果我们想要创建一种更丰富和有意义的生活，就需要清楚，有些东西远比"高自尊"更有效，我们先来看看关于非洲的纪录片。

一部关于非洲的纪录片

你看过有关非洲的纪录片吗？你看到什么内容？成群结队的鳄鱼、狮子、羚羊、大猩猩还有长颈鹿？部落舞蹈？武力冲突？眼花缭乱的集市？叹为观止的群山？美丽宁静的乡村？破落不堪的贫民窟？饥肠辘辘的孩子们？你会在看完影片后学到很多东西，但有一点可以肯定：一部关于非洲的纪录片不等于非洲大陆本身。

关于非洲的纪录片会呈现一些代表非洲的视觉意象和音频记录，让你获得一些对非洲的印象。但是，一部纪录片无法给你去非洲旅行的亲身体验：食物的味道和香气、阳光照在脸上的感觉、丛林的潮湿、沙漠的干燥、大象皮肤的触感、直接和原住民交谈的乐趣。无论这部纪录片拍摄得多么精彩，即使是长达上千个小时，也不能让你真正接近在非洲生活的真实体验。为什么？因为一部关于非洲的纪录片和非洲本来就不是一回事儿！

同理，有关你的纪录片也不等同于你本人。即便这部纪录片累计拍摄了一万个小时，涵盖你生活的方方面面，包括对认识你的人的各种采访，各种你内心最隐秘的精彩细节等——即便如此，这部纪录片终究不是你。这一点都不难理解，想想你在这个世界上最爱的人，假如给你一些时间，你是愿意和真实的他们共度时光，还是希望观看有关他们的一部纪录片？

我们本人和他人制作的有关我们的纪录片之间终究是有天壤之别——无论这部纪录片有多么"写实"。我给"写实"加上双引号，是因为所有纪录片都带着不可救药的偏见，它们只能向你呈现一幅完整图景的片段。随着数字视频的出现，数十个小时甚至上百个小时的镜头都可以压缩成一个小时的纪录片，通过高度编辑才能实现影片的最佳效果，才能够反映创作者的观点。这其中难免会有偏见！

现在，人类的头脑就像是世界上最伟大的纪录片制作人一样。它一直在拍摄：全天 24 小时，每周 168 小时，每年将近 9000 小时。因此，当你30 岁时，你的头脑拍摄的时长已经超过 25 万小时。

这部电影中有多少比例储存在你的长期记忆中？百分之五？百分之一？恐怕都不到，这个比例微不足道。（昨天的事你还记得多少？上周的？上个月的？你能够记住多少读过的书、看过的电影、和他人的谈话、吃过的饭？）

所以，你的头脑带着巨大的偏见制作了一部关于"你是谁"的纪录片，它删除了你做的所有事情的 99.99%，然后宣称，"这部纪录片就是你，能够代表你是谁"。而且，这部纪录片还有个副标题"我不够好"。问题在于，我们全都深信自己就是这部纪录片！

但是，如果一部关于非洲的纪录片并不是非洲，一部关于你爱的人的纪录片也不是你爱的人本身……那么，一部关于你的纪录片也就不等于你本人。无论这部关于你的纪录片里有什么内容，无论它是真是假、是积极还是消极、是古老还是崭新、是事实还是观点、是回忆还是预测……这部纪录片永远都不等于你本人，它只是一种对想法和意象的加工建构（以及伴随而来的所有感觉）。

我经常把这部纪录片称为"大故事"，因为它包括一切关于"我是谁""我为什么是这样""我能做什么，不能做什么""我如何变成这样""我有什么好的和积极的方面""我有什么坏的和消极的方面""我的优点和缺点是什么"之类的信念、想法和判断，专业名词是"自我概念"(self-concept)。

拥有一个"自我概念"是一件好事，它能促进自我反思，对个人成长至关重要。但是，我们需要"轻持"自我概念，不被钩住。我们被钩住的两种模式是服从和搏斗。在"服从模式"下，我们专注于自我概念，把它看成绝对真理，对它唯命是从；在"搏斗模式"下，我们竭力消除自我概念。而从长远看，这两种反应模式都没有帮助。

我们可以选择一种更加健康的反应模式，使用自己喜欢的所有方法从这个"大故事"中脱钩。我们可以注意和命名："这是一个'不够好'的故事"。我们可以抛锚。我们可以为"大故事"触发的一切痛苦的感觉创造空间，同时以友善的自我对话和行动支持自己。我们还可以将注意力重新集中于正在做的事，全然活在当下，允许我们的自我概念在背景中"徘徊"。

我们还可以停止说服自己"我是好人"，不再自证或捍卫自我价值。无论头脑如何评判我们（给出消极的或积极的评判），都如实看待它们（本质上是脑海中的文字和图片），任由它们自由来去，仿佛是门前经过的车辆。我们不再和从前一样，现在，我们能够"轻持"那个"大故事"，无论它多么消极都无妨。我们会说："谢谢你，头脑。我知道你这么苛待我，其实是想帮我。"

即使这个"大故事"是积极的，我们也用同样的态度处理。我们当然要承认和欣赏自己的优点、长处和成功，但如果头脑将那些变成"我很棒""我很聪明""我最伟大""我最明白""我比他们更好"的故事，就很容易将我们拖入傲慢、自恋、正义、自负或是虚假的优越感。因此，如果你的头脑开始夸你很棒，你就轻轻地说："谢谢你，头脑。我知道你这么夸我是在努力帮我。"

换言之，不要过于相信那些积极的或消极的自我故事，当故事出现时，我们选择"轻持"，无论这个自我故事是大的（你的自我概念）还是小的（一个自我评判）。请记住：你远比这个故事丰富太多。这个故事是一种心理建构，是一堆出现在脑海中不断反刍的文字和画面，同时伴随一些身体感受。这个故事完全无法囊括你作为一个完整的人的丰富性、充实性和复杂性。一部关于非洲的纪录片不是非洲，一部关于你的纪录片也不是你。

当然，你的思考性自我很可能不赞同本章的所有内容。它坚称："这就是你！这就是你自己！"但是，你可以通过观察性自我让自己后退一步，看清这些故事的实质：它们只是在持续变化的生活舞台秀中来来去去的文字、画面和身体感受。你不需要服从这些故事或和它们搏斗。相反，你可以练习自我接纳和自我关怀。

自我接纳和自我关怀

自我接纳（self-acceptance）涉及一种现实的自我评价，承认我们的"优点"和"缺点"、长处和短处、成功和失败；同时，从自我评判中脱钩，接纳我们是普通人，因而不完美。

但是，做到自我接纳并不容易。承认和自己有关的一些消极的事情会令人感到很受伤，可能触发很多痛苦的想法和感觉。因此，我们非常需要自我关怀；需要承认生而为人必然经历很多艰难困苦；需要练习为严厉的自我评判命名，"感谢我们的头脑"；需要和自己说一些真正友善的话语；需要练习为痛苦的感觉创造空间，同时友善地抱持自己。

还有，我们需要采取符合自身价值的行动，切实做一些有利生活的重要的事。同时，我们需要完全专注于所做之事，以便能把事情做得更好，充分利用做这些事情的机会。

如果我们反复地这样练习，就会逐渐发展一种深刻的自我价值感，效果远远胜于挑战消极想法或练习积极的自我肯定。但是，我们可能需要花点时间先来疗愈过去。

第 20 章　疗愈过去

　　我那年 9 岁，站在校长办公室外浑身发抖，听着他在电话里对我妈妈大喊大叫。他喊道："真丢人！瞧瞧你儿子，来上学也不好好收拾利索了，他这头发臭烘烘的，一股尿臊味。我在这个城市最贫困地区的学校工作过，也没见过你们这么不管孩子的家长。我现在就把他给你送回去，我已经通知了社工，他们很快就到。"

　　从学校步行回家只需 5 分钟，对我来说却好像有几小时那么漫长。我妈妈还穿着睡衣，她成天都穿着睡衣，她打开前门，拽着我的头发把我拖进屋子，她先是打了我一巴掌，又打了我一拳，一遍遍撕扯我的头发，大声喊道："你怎么能这样对我？我的脸都被你丢光了！你看看自己这副模样！你真脏，真恶心！你为什么就不好好洗洗？你都 9 岁了，不是个小屁孩儿了！你怎么敢又臭又脏地跑去上学？"

　　妈妈把我打了一顿后，命令我清理家里那令人发怵的猪圈，以便社工来时家里看起来体面一些，然后又让我去洗澡洗头。

说句公道话，我妈妈一直都是苦难深重。她童年时受到外祖父的暴力虐待，第二次世界大战期间又在日本战俘营度过备受摧残的两年时间。而且，就在上述事件发生约一年前，我爸爸离家出走，去国外生活了，妈妈为此非常抑郁。她大部分时候都在服用处方药，那些镇静药的成瘾性很强，名称是巴比妥类药（这种药现在已经很少使用）。妈妈是"泥菩萨过江自身难保"，很难意识到我作为孩子的需要。

与此同时，我非常痛苦，每晚都尿床，早上来不及洗澡就匆匆穿好衣服，自己做早餐，然后去上学，妈妈那时还在昏睡。所以，校长说的"尿臊味"毫不夸张。

总而言之，我的童年经历十分惨痛：备受忽视，生父遗弃，近亲虐待。我知道很多人的童年都很艰难，有些人的经历比我糟糕得多。这类成长过程的极端结果就是：那部"关于你的纪录片"是极度消极的，你会养成强烈而严厉的自我评判的习惯。（不过，即使你的童年很美好，你也可能会有自我苛责的习惯，这一点很普遍，我们之前讨论过原因。）

我们一旦养成严苛的自我评判的习惯，就很容易执着于那部关于"我们是谁"的消极的纪录片，善待自己就变得更加困难：我们感觉善待自己是一种诡异、陌生、不适，甚至令人焦虑的情景。因此，如果你一直抵制自我关怀的练习，请放心，不是只有你这样，很多人都会这样。我多年以来一直都在挣扎着做自我关怀的练习，直到发现下面的练习才觉得轻松了不少。这个练习能够帮助我们绕过阻力。（如果你一直练习自我关怀，这个练习会帮助你提升效果。）

自我关怀练习：提供支持

很多人都感觉作为成年人很难做到自我关怀，至少是开始时很难，我们难以承认自己的痛苦并且做出善意的回应。相对来说，我们更容易做的是：通过想象回到过去，"找寻"昔日的自己，找到那个"孩子"，承认他的挣扎和痛苦，然后施以援手。因此，在"提供支持"的练习中，你可以想象自己回到童年或是青少年时期，回到一个你多少感到受伤、痛苦或挣扎的时刻，那时你身边的成年人没能提供你真正需要的善意、关心和支持。然后，你可以想象"今天的你"给"年幼的你"提供当初未能获得的支持。

注意：请不要直接进入一些可怕的创伤性事件。针对可怕的回忆和创伤性事件，你自己一个人操作常常令人难以承受，很可能适得其反。如果你出现闪回或痛苦的创伤性回忆，请求助有创伤治疗受训背景的专业人士。在做目前这个"提供支持"的练习时，请不要回到创伤性事件，可以考虑回到创伤性事件发生之后的某个时刻，比如事情发生了几小时、几天或是几周之后的时刻。

一旦你返回过去，找到那个"年幼的你"，就可以用那个孩子期望的方式支持他。大多数人会运用富有同情心的语言和手势，你可以充分发挥想象力，随心所欲做你愿意为那个孩子做的一切事，只要那些事是善意的、富有支持的。

现在，我要带你做"提供支持"的练习。这个"提供支持"的练习从抛锚开始，假如你觉得接下来的部分难以承受（我认为不会，但有备无患），就请停下练习，继续抛锚。

为"年幼的你"提供支持

你将进行的是一个想象练习。有些人想象出栩栩如生、多姿多彩的画面；有些人想象出苍白和模糊不清的画面；也有些人在想象时完全没有画面，而是使用一些文字、想法和概念。哪一种方式都没有问题。

你将要想象通过时间旅行看望年幼的你，返回的时间节点是你生命中过往的某个挣扎时刻，当时，你身边的人没能给到你所需要的照顾和支持。这个时间节点可能是在童年、青少年或成年早期。

调整一个舒适的身体姿势，花几分钟时间抛锚：承认你的内在发生的事，通过移动、伸展或呼吸联结身体，投入周围的世界，注意你能看见、听到和触摸的东西。

　　抛锚之后，闭上眼睛或是目视前方某处，开始想象。

　　想象你进入一部时光机、一扇门，或是大步踏入具有魔力的一片光晕。想象这让你穿梭回到过去的某个时刻，看望"年幼的你"，恰逢那个孩子感到孤独、悲伤、害怕和遭受痛苦的时刻。

　　现在，从时光机（或是"魔法之光"）中走出，接触"年幼的你"。好好端详那个孩子，大致了解他经历了什么。他是在哭泣、生气，还是饱受惊吓？是不是感到很自责或羞耻？他真正需要的是什么？爱、友善、理解、原谅、滋养还是接纳？

　　请用一种友善、平静和温柔的声音，告诉"年幼的你"，你很清楚发生了什么，很了解他正在经历的一切，你知道他这一刻感到多么受伤。

　　告诉那个"年幼的你"，他不需要别人证实他的体验，因为你很清楚。

　　告诉那个"年幼的你"，他已经度过了这个艰难时刻，现在仅是一份痛苦的回忆。

　　告诉这个"年幼的你"，你在这里，很清楚这件事有多么伤人，你愿意竭尽所能提供帮助。

　　问问这个"年幼的你"，有没有什么需要或是想要的东西？无论他提出什么要求，都满足他。假如他希望你带他到一个特别的地方，你就带他走。拥抱和亲吻这个孩子，说些亲切的话语，送礼物给他。在想象中，你完全可以帮助这个孩子实现他的一切愿望。如果这个"年幼的你"不知道要什么，或是还不信任你，就告诉他完全没关系，他不必说什么或是做什么。

　　告诉"年幼的你"一些你认为他需要了解的事情，这有助于他理解发生在自己身上的事，假如有些事情已经发生，请帮助他停止自我苛责。

　　告诉他你就是为了他才来到这里，你很关心他，愿意帮助他，你会尽力而为，和他共渡难关。

继续用你能想到的所有方式向"年幼的你"表达关心和善意：通过言语、手势和行动，如果你愿意，也可以通过魔法或是心灵感应。

一旦你感觉"年幼的你"已经接受了你的关心和善意，就可以和他告别。送他一份象征彼此联结的礼物，比如一个玩具或泰迪熊，如果那个"你"年龄已经大了一些，可以赠送他一件衣服、一本书或是一个高科技的小玩意、一个神奇的物品或其他你能想到的东西。

到了要和这个孩子告别的时候，让他知道你还会再来看望他。然后，迈入时光机（或是"魔法之光"），回到此刻的生活。

现在，抛锚一分钟。承认内心的想法，联结身体，充分地、缓慢地做一个拉伸动作，然后投入现实世界：用眼睛和耳朵留意你在何处和在做什么。

我希望你感觉这个练习有帮助，有助于你进入自我关怀的状态。通常，规律练习很有帮助，每次练习，你都可以选择访问人生中的不同时间节点。

完成练习后，问问自己：我要如何像对待那个孩子那样对待自己？每一天中，我能对自己说些什么话或是做些什么事，来表达对自己的善意、关心、照顾和支持？

往日回声

我们无法改变往事，但不必让它定义我们。历史会影响我们思考、感受和行动的方式，但无论结果怎样、有何影响，我们都能随时学习崭新的存在方式，充分利用此时此地的生活。

往日回声久久萦绕在当下，旧的思维模式重新激活，有的感觉模式具身呈现，尤其是当撕开"旧日伤口"时。我们无法消除这些模式，但能更有意识地注意它们，在这些"昨日重现"的时刻做出有效的回应。

在抛锚的承认阶段，我们可以对自己说"这是旧日的节目正在上演"或"这些模式属于昨日重现"；在注意和命名想法时，可以说"这是老调重弹"；在创造空间时，可以说"这是旧伤引发的痛苦"。

如果往日回忆萦绕不去，在使用上述策略的同时，你可以暂停并考虑：

- ❀ 这份回忆能否提供一些有用的东西？
- ❀ 它告诉你真正在乎的是什么？
- ❀ 它提醒你最重视的是什么价值？
- ❀ 如果听从它的建议，你今天会做什么？这些做法是否对你的生活有利？是否能够帮助你避免重蹈覆辙？

这些艰难的回忆同样表示你的头脑正在好心帮忙，它正在过度卖力地帮你从过往经历中学习和成长。因此，看看你能不能从过往经验中汲取一些有用的东西，可能不是每次都有收获，但经常会有所收获。

处理完回忆之后，就集中注意力回到当下，注意此时此地，你在做什么。每当你这么做，就是在帮助自己发展。

The
Happiness
Trap

第 21 章　品味的艺术

你可曾满怀赞叹地凝视着灿烂的落日余晖、不可思议的夜空满月或是海浪撞击岩石的景象？你可曾满怀爱意地凝望着伴侣和孩子的双眸？你可曾陶醉在烘焙蛋糕的香气或是茉莉花和玫瑰的芬芳之中？你可曾愉快地聆听鸟儿的鸣唱、猫咪的呼噜声和孩子的笑声？

我们每天都有丰富的机会品味所生活的世界。练习专注和品味的技能有助于我们充分利用当下一刻的生活，这和采取行动让生活变得更好毫不矛盾。我们经常听见这种说法，"细数感恩之事"或是"停下来闻闻玫瑰花香"，这些都提示着我们生活的丰富。我们被美好的事物包围着，但遗憾的是我们经常将这一切视为理所应当。下面的建议有助于你觉醒并且充分体验周围的丰富世界。

✿ 吃东西时，利用这个机会充分品尝食物。允许想法来来去去，专注于口唇的感觉。大多数时候，尽管我们在大快朵颐，却几乎不知道自己在做什么。既然吃喝是件美事，何不花些时间充分品味？不再狼吞虎咽，而是细嚼慢咽，真正品味食物的滋味。（毕竟，你通常不会快进地播放视频，所以为什么要用快进的方式用餐？）

❀ 下雨时，仔细留意雨声节奏、韵律和音量的变化，留意窗户上雨滴的丰富图案。雨停时，外出散步，呼吸清新的空气，欣赏仿佛刚刚抛光过的闪闪发亮的小路。

❀ 天气晴朗时，花点时间品味和煦的阳光，留意阳光照耀的万物皆是那么明亮：房屋、鲜花、树木、天空和行人。外出散步，听听小鸟的歌唱，留意阳光洒在皮肤上的感觉。

❀ 当你拥抱或亲吻某人时，或者哪怕就是握手，都请倾情投入，留意你的感受，让你的温暖和开放流淌在每一次亲密的人际互动中。

❀ 用全新的眼光看待你关心的人们，仿佛之前从未相遇。就这样看看爱人、朋友、家人、孩子、合作者和同事。留意他们如何走路、说话、吃喝，观察他们的面部表情，留意他们脸上的线条和眼睛的颜色。

❀ 早上起床前，做几次缓慢、轻柔的呼吸，关注肺部的运动。培育一种美妙的感恩之情，为你还活着，为你的肺即便在你熟睡时都彻夜为你工作。

享受，但不执着

截至目前，本书已经花了很多时间讨论不适的想法和感觉，但很少在欣赏令人愉快的想法和感觉方面用心。这样做是刻意为之。正如之前发现的，我们越重视获得愉快的感觉，就越会和不适的感觉搏斗，从而制造和加剧整个战斗和痛苦的恶性循环。如同其他感觉一样，愉快的感觉也会来来去去。因此，感到愉快时，我们可以尽情地享受和欣赏，但不要执着。

换言之，当你下一次感到幸福、平静、快乐、满足或其他愉快情绪时，请借机充分留意那种感觉。注意身体的感觉，注意你如何呼吸、说话或做手势，注意出现的一切冲动、想法、回忆、感觉和意象。花些时间品味这种情绪，享受它，但不要执意挽留它。我们要像对待困难的感觉那样对待愉快的感觉：承认和允许，让它们自由来去。

充分利用

每当你睁开眼睛留意之前习以为常的事情时，就会发现更多的机会，感受到更多的刺激和兴趣，你会感到更加满足，人际关系也会得到改善。我喜欢这么表达：对于充分利用生活给予的人，生活也会充分地给予他们。

活在当下，保持开放，为所当为

到这里，本书的第二部分已近尾声。截至目前，我们主要关注"活在当下"（集中注意力于重要的事，注意并投入正在做的事）和"保持开放"（从想法和感觉中脱钩，允许它们自由来去）。在第三部分，我们将发展"为所当为"的能力，即做重要之事的能力：联结你的价值，将价值转化为有利生活的有效行动。

这三个短语——活在当下、保持开放、为所当为，几乎能概括整个ACT模型。我们越能活在当下和保持开放，就越能从困难的想法和感觉中脱钩，从而阻断偏离行动。同时，我们越是为所当为，投入做重要的事，我们的生活就越发美好。图 21-1 显示了这一点。

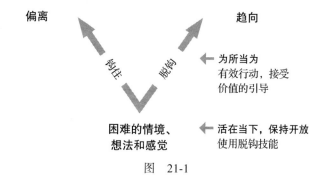

图　21-1

　　这种"活在当下、保持开放、为所当为"的能力，专业术语是"心理灵活性"（psychological flexibility）。研究结果清晰表明：人们的心理灵活性越高，健康、幸福和快乐的水平就越高。

　　我们在采取行动创造理想生活时，必然面临很多恐惧、阻碍和挑战，难以避免地出现很多令人不适的想法和感觉。但是，通过加强练习活在当下、保持开放（包括抛锚、注意和命名、创造空间、自我关怀、集中注意力和重新集中注意力、品味欣赏等技能），我们就能克服这些阻碍，竭尽全力创建更美好的生活。

第三部分

如何让生活富有意义

The
Happiness
Trap

The
Happiness
Trap

第 22 章　值得过的生活

　　几年前，我的好友弗莱德开了一家公司，惨遭失败。最终，他和太太几乎一夜之间倾家荡产，也失去了房子。面对严重的经济困境，他们决定从城里搬到乡下，以便负担得起一个体面的住处。弗莱德在当地一所寄宿学校找到了一份工作，这家学校招收的是一些来自中国和韩国的青少年学生。

　　这份工作与弗莱德过往的商界生涯完全无关。他的职责包括：维持寄宿公寓的秩序和安全，督促孩子们完成课后作业，确保他们按时上床睡觉。他还负责在公寓值夜班，每天早上协助孩子们做好上学准备。

　　如果与弗莱德易位而处，很多人或许会非常抑郁。毕竟，他公司破产，失去了房子和存款，只能做着一份收入微薄的工作，而且每周有五天时间不能回家和太太团聚！但是，弗莱德意识到自己面临两个选择：要么沉浸在损失里，不断自我攻击，把自己搞得可怜兮兮；要么充分利用现在的情况。

幸运的是，他选择了后者。

弗莱德使用了他的核心价值：帮助、支持、关心和鼓励。根据这些价值，他开始教授孩子们一些实用技能，比如熨烫衣服和烹饪简单的饭菜。他还组织了学校有史以来的首次才艺比赛，协助孩子们拍摄了一部风趣诙谐的校园生活纪录片。而且，他自愿充当学生们的业余顾问，很多学生向他寻求帮助和建议，以解决人际关系困扰、家庭问题和学习困难等问题。这些事都不属于弗莱德的职责范围，也没有额外报酬，他做这些纯粹是因为他在奉行奉献和照顾他人的价值。于是，原本相当乏味和令人不满的工作开始变得富有意义和令人满足。

弗莱德还会有很多痛苦的想法和感觉吗？你猜得没错！他感到非常受伤，那是每个人在面临短期内无法解决的巨大现实落差时会有的感受。即便是选择按照自身价值生活，他也不可能一夜之间解决所有问题，从此过上幸福的生活。但遵循个人价值生活确实能够提升他的生活质量，让生活富有意义和成就感。试想，如果他每天工作时都陷入"这日子真是糟糕透顶""我很厌恶这份工作""我把一切都搞砸了""我是毫无希望的失败者"之类的想法，然后再和这些感觉搏斗，而不能遵循价值并活在当下，他将会错失多少享受生活的机会？

价值和目标

第 10 章将价值描述为我们内心对自己期待的行为方式的最深层渴望：我们想要如何对待自己、他人和周围的世界。在此，我想进一步解释价值的内涵。不过，我们还是先来看看了解和使用价值的益处：

- ❀ 第一个益处：价值有助于我们做出明智选择，把事情做得更好。
- ❀ 第二个益处：价值就像内心的指南针，有助于我们找到自己的路，拥有一种使命感。
- ❀ 第三个益处：价值为我们提供动力，让我们有力量投身真正重要的事。

- 第四个益处：当生活黯淡无光时，价值能为我们的生活增添色彩。
- 第五个益处：遵循价值行动，价值会增加我们的成就感，那是一种真正活着的感觉。
- 第六个益处：价值帮助我们按照自己的方式生活，活出理想自我。

了解价值和目标之间的区别很重要。价值是我们希望带入自身行为的特质，能够指导我们说什么话、如何说话、做什么事和如何做事。目标和价值不同，目标描述我们想要拥有、获得、实现或完成什么。因此，想要"有一份好工作"是目标；而想要"负责和可靠"则是价值。我们来多看一些例子：

- "寻找合作伙伴"：目标。"去爱"（无论你是否有伴侣）：价值。
- 给家人"买房子"：目标。"支持和关心"家庭（无论你是否买了房子）：价值。
- "去海外旅行"：目标。在旅行时（即使你只是在上班路上）保持"好奇、开放、欣赏"：价值。
- "有一个孩子"：目标。"爱和养育"（不管你是否有孩子）：价值。
- "拥有很多朋友""招人喜欢""很受欢迎"：目标。"热情、开放和理解"（不管你是否有很多朋友）：价值。
- "从这种身体疾病中康复"或"治愈这种伤痛"：目标。"自我照料、自我支持和自我关怀"（无论你的身体健康状况如何）：价值。

注意，在上述每个例子中，无论是否实现了相关目标，你都可以根据价值生活。因此，如果你想要获得学位、变得富有、名利双收、购房买车、身体健康、被人善待或是恢复健康……这些都是目标。而价值则是你想要如何对待自己、他人和周围的世界——包括现在和未来——在你追求目标的过程中、目标实现之后以及没有实现目标时。

我们可以将价值视为"你想要摆放在生活餐桌上的菜肴"。生活的丰富餐桌上有很多菜肴，有些是我们爱吃的"大餐"，比如我们最喜欢吃的食物、最欣赏的音乐、亲密伴侣之间温暖爱意的联结；也有一些是我们讨厌的"菜品",比如可怕的疾病或所爱之人的逝世;剩下的"菜肴"大多介于这两者之间。

生活餐桌上的菜肴经常变化,我们可能因为想吃的菜没上桌而不满和咆哮,也可能因为看到不想要的菜而生气。尽管这些反应很正常,但并没有帮助。我们需要考虑一些更有用的问题:我们希望在生活餐桌上摆放什么菜肴?无论这张桌子如何摆放,我们总能添置很多新的菜品:爱、善意、关心、好奇、开放、勇气、智慧、自我关怀或是其他自选价值。我们可以有意识地通过自身言行体现这些价值特质,这就是"活出我们的价值"。

第 10 章讨论了难民营中的生活,大多数人都无法想象难民营里缺吃少穿、艰难困苦的条件,我们视为理所当然的各种"特权",比如自由、食物、水、住所、医疗和电力,对于难民来说都是天方夜谭。但是,他们依然可以在每一天生活的点滴之处体现自己的价值,他们越是那么做,生活质量就越高。拥有这个洞见极其重要,特别是当你最想要的东西被剥夺或是最想做的事情被阻止时。(例如,如果你身在监狱或医院,无法离开一份糟糕的工作,患有慢性疾病或是身体残障。)

不过,按照我们的价值生活并不意味着放弃各种目标。让我们再来看看弗莱德的情况。为了养家糊口,他继续从事那份工作,他在每天工作时都持续践行自己的价值。同时,他并没有放弃找到理想工作的目标。他一直都是一位优秀的组织者和管理者,对组织戏剧节和音乐节等活动很感兴趣,这是他最渴望的工作领域。经过连续数月的申请和尝试,弗莱德最终找到了一份组织当地艺术节的工作。他对这份工作很满意,不仅薪水更多,而且还有更多的时间陪伴家人。

弗莱德的故事对我们的启发在于:我们在继续追求目标的同时也能按照个人价值去生活。这个很棒的例子也说明:我们可以改善所有的工作,即使当前工作并不是我们的最爱,只要将自身价值摆放在生活的餐桌上。这样一来,我们就能一边寻找更理想的工作,为了期待的新职位接受培训,一边从当前的工作中获取更多的满足感。之后我将介绍如何设定现实的目标,同时增加实现目标的可能性。现在,我们还是继续探讨价值,因为那种高度目标导向的生活在长期内不会令人满意，为理解其中的原因，我们来看一个例子。

车后座的两个孩子

假设有两个孩子坐在车后座，妈妈正带他们前往迪士尼乐园，需要三个小时的车程。其中一个孩子完全专注于目标——抵达迪士尼乐园！于是，他无法安坐、很不耐烦、非常沮丧。隔几分钟就抱怨道，"我们快到了吗""我好烦""还需要多久啊"。（这些声音是不是很熟悉？）

第二个孩子也有相同的目标——抵达迪士尼乐园！但与此同时，他能够联结好玩和好奇这两项价值。于是，他一路上都在玩类似"小小监视家"的游戏，留意车窗外牛羊在山野漫步，欣赏大卡车疾驰而过，向友好的行人挥手致意。第二个孩子能够活在当下，欣赏此刻的栖身之处，而不是总惦记"生活在别处"。

当他们抵达迪士尼乐园时，两个孩子都为成功实现目标感到很开心，但只有一个孩子很喜欢旅程本身。之后，在回家途中，第一个孩子继续抱怨道，"我们快到家了吗"，而另一个孩子继续充分利用返家之旅。

现在，假设车子在半路抛锚，他们没办法再抵达迪士尼乐园，两个孩子都会很失望，试问哪个孩子的旅程会更有收获？

如果我们像第一个孩子那般去生活，生活就成了永远追逐一个又一个令人精疲力尽的目标。我们被这种头脑故事钩住："在我得到这份工作、减肥成功、升职、生孩子、买车、完成这个项目之后才能幸福……"我们一旦听从这种故事的指挥，就会在疯狂追逐这些目标的长期过程中感到匮乏和沮丧，只有在目标实现时才能短暂地感到幸福。（一旦发现新目标，幸福感转瞬即逝。）而价值导向的生活相比目标导向的生活会更加容易令人满足，因为我们能够欣赏实现目标过程中的每一步（即使目标没有实现）。

有价值的生活

我的很多来访者会这么问，"人生的意义是什么""难道一切不过如此吗""为什么我对什么事都不起劲""为什么我的生活这么枯燥、空虚和无聊"，也有些人说，"生活真是糟糕透顶""没有我的世界会更好""我没有什么能给这个世界""真希望一觉睡去不再醒来"。人群中有 10% 的成年人患有抑郁症，这些想法对他们来说司空见惯，在其他人群中也很常见。在这种情况下，价值就能为人们提供强有力的解药：为你的生活赋予使命和意义。

我们如果以价值作为一切活动的核心驱动力，就会在做事过程中感到更有意义和成就。我们可能在"服从模式"下工作，被诸如"我必须做这项工作来养家糊口"等规则钩住；也可能在"搏斗模式"下工作，试图回避困难的想法和感觉，"工作能帮助我回避失败的感觉"；我们还可以选择在价值的激励下工作，"我是在践行我的价值，支持和照顾家人"。

同样，我们在每一天的工作中都可以选择被"这个工作很糟糕"的想法钩住，也可以将每天的工作视为践行个人价值的良机，比如乐于助人、诚实和合作，这么做并不能将一份枯燥的工作变成一份梦想的工作，却能让我们在工作时感觉更有意义和成就感。我们做的所有事情都符合这种规律，尤其是那些为利于生活而必须完成的枯燥、乏味或有压力的任务。

坐而论道已久，是时候起而行之了。

联结和反思

"联结和反思"的练习邀请你想一想自己关心的人，考虑你希望能和他们一起做什么事。（如果你没有画面感，没关系，稍微找找感觉就行。）

A 组块

想一想你生活中的人——想到一位善待你的人，你很喜欢和他共度美好时光。接下来，回忆你们最近或是很久之前的一次相处时光，你们一起做你喜欢的事情。无须是惊天动地的大事，就是一起吃吃喝喝或游玩之类的就行：打打游戏、外出散步、海边游泳、随意聊天、开车兜风、拥抱亲吻、踢球锻炼、陪孩子玩……只要是你觉得很享受的活动就行。

尽可能生动地沉浸在这份回忆中，仿佛这些时光在此时此刻鲜活地上演……感受它，感觉它，重新创造它。你在什么地方？你在做什么？你能看见、听到、触摸、品尝或闻到什么？

注意回忆中的那个人——他是什么样子？穿着打扮如何？说了什么或是做了什么？语气如何？有什么表情和身体姿势？

充分利用和尽情感受这份回忆。你在和善待你的人共度美好时光，那是怎样的感觉？请你重视、欣赏和品味这些感觉。

至少练习一分钟，再继续往下读。

B 组块

现在，请你退后一步观察这份回忆，仿佛是从电视里看到它（或者找到一种探究和检查这份回忆的感觉）。

现在，集中注意力观察这份回忆中的自己。你正在说什么和做什么？你如何与他人互动？

请你特别留意自己如何对待他人，如何回应他人。

例如，你是开放、关爱、友善、风趣、爱玩、轻松、联结、投入、饶有兴趣、欣赏、诚实、真诚、好奇、勇敢、亲密、感性、有创造力和热情的吗？

花一分钟仔细想想：你希望将什么特质摆放到"生活的餐桌"上？

现在请考虑：以上练习揭示出你真正希望如何待人？你希望建设怎样的人际关系？

花一两分钟认真考虑这些问题的答案。

现在，再做一次这个实验，换一份愉快的回忆，邀请另一个人。

再次考虑：这提示你希望如何待人，你希望建设怎样的人际关系。

现在，再做最后一次，选择一份你独自做有意义的事情并感到满足的回忆。

再次考虑：这提示你希望如何待人，你希望和自己建立怎样的关系。

你的进展如何？做这些实验时，有些人产生了温暖而模糊的感觉，也有些人被勾起了痛苦的想法和感觉。这两种反应都十分正常。

不过，这些练习的目的并不是触发特定的感觉，而是为了帮助你联结价值。你刚才在练习时，能否联结自己的价值？能否感觉到你希望在关系中如何呈现自我？能否找到一种想要如何待人待己的感觉？能否发现 3 ～ 4 种你希望联结的价值？（在这个过程中，如果出现困难的想法和感觉，请使用脱钩技巧：谢谢头脑，创造空间，善待自己。）

在做下一个实验之前，我们来快速讨论关于价值的两个要点。

价值并不是规则

大体来说，"规则"是头脑强加给你的一些要求、命令和律条。头脑就像一位暴君，它告诉你："你必须服从这些规则，否则后果很严重！"因此，如果你感到心情沉重、压力很大或是被困住，你很可能是被规则钩住，而没有联结你的价值。我们可以通过以下例子说明其中的区别：

持续去爱 = 价值

我必须持续去爱，而无论发生什么！ = 规则

保持善良 = 价值

我应该时刻保持善良，即便有人虐待我 = 规则

表现高效 = 价值

我必须总是高效，永远不能犯错 = 规则

规则是你的头脑要求你必须严格遵守的指令，通常包含诸如不得不、

必须、应当、应该、正确、错误、总是、从不、这样做、不能那样做、除非……才能做、除非……不能做、因为……不能做，等等。在奉行价值而行动时，我们总有很多办法，即使在最困难的情况下也是。相比而言，规则会大大限制我们的选择范围：我们越是严格服从规则，拥有的选择就越少。

　　当然，规则通常很有用，比如开车时有必要明确要走哪边的路。但是，很多自我强加的规则会令我们陷入困境："我做事必须尽善尽美，否则就一文不值""我只有喝酒壮胆才能把事情搞定""我不应该让人们靠近，否则就会受伤""我必须优先考虑他人，别人的需要比我的更重要"。我们越是被头脑规则钩住，遵循规则的冲动就越强烈——无论我们是否服从这些规则，都会更强烈地感到焦虑。

　　每当我们被规则钩住，就会任由规则"吞噬我们的全部生活"，导致彻底失去和价值的联结。当我们能够灵活地按照价值生活时，会感到更有意义、有使命感、被赋能和充满活力；而当我们被规则钩住时，则会体验到压力、负担、沉重、羞耻、内疚、焦虑和被困住的感觉。

　　因此，我们会很自然地想从规则中脱钩，并且挖掘深藏在规则背后的价值。所有常用的脱钩技能都有帮助。例如，我们可以"注意和命名"，"我注意到我有一个规则——我必须XYZ""啊哈！又是那条规则"；我们还可以"感谢头脑"，"谢谢你，我的头脑。我知道你强烈地提出各种建议是在努力帮助我，但我会尝试新的方法，看看效果再说"。如果我们服从规则的冲动很强烈，可以用抛锚来处理。

价值在持续"变动"

　　价值好像是地球上的各个大陆板块。无论你让地球用多快的速度旋转，你都无法同时看到全部板块，有些板块向后移动，另外一些向前移动。因此，你的价值排序在一整天中会持续变动：每当你变换角色或处在不同的情境，有些价值会进入前景，另一些价值会潜入背景。

因此，我们通常需要根据具体情况进行价值排序。例如，涉及亲密的关系时，我们的价值可能是爱和关怀。但是，如果父母一直怀有敌意并虐待孩子，我们就可能选择断绝亲子关系，因为需要优先考虑自我保护和自我尊重的价值。不过，我们爱和关怀的价值并不会消失，刚刚只是将它们带到当前具体关系中"地球的背面"，而在健康美好的人际关系中，我们的爱和关怀仍然保持在"地球的正面"。

重访价值清单

第 10 章我曾邀请你浏览一份价值清单，评估对你重要和不重要的价值选项。既然现在你拥有了更多的知识和技能，我鼓励你重访这份价值清单。或许你会发现这次实验的结果完全不同，但也可能并无二致。无论如何，都值得你再做一次，以便进一步澄清价值。继续阅读之前，请现在就做。

你做完了吗？你感觉很轻松还是有困难？是否出现不适的想法和感觉？和上一次做的结果是否一样？人们将价值带入工作领域时，通常会获得大量的、崭新的体验，少数人感觉这么做很容易，大多数人发现这么做很有挑战，还有一些人感到这么做令人极其痛苦和焦虑。因此，如果出现痛苦的想法和感觉，不要放弃，可以尝试一切脱钩技能，同时善待自己。

阻 碍

我们的头脑会抛出各种各样的障碍，阻拦我们接近自身的价值。比如，做完这个练习后，卡尔悲伤地说："和你说实话，哈里斯，我渴望'爱'和'友善'的价值，但实际上我一直都很刻薄和自私，爱和友善显然不是我的价值。"卡尔的说法正是关于价值的常见误解。很多人认为那些有问题的、破坏性或自我破坏式的行为反映的是我们的核心价值，但研究表明，事实恰恰相反，这种行为很少真正反映我们的价值。我们之所以这么做，是因为被想法和感觉钩住并偏离了自身的价值。

于是，我提醒卡尔，价值是我们渴望带入行动的特质。我告诉他："价值描述的是我们拥有选择权，能够自行决定想要什么和如何表现。因此，假如你喜欢、想要实现或是渴望拥有任何价值，那么根据价值的定义，那些就已经是你的价值——一些你希望体现的特质。如果你想要'爱'自己和他人，那么'爱'就是你的价值；如果你想要保持'友善'，那么'友善'就已经是你的价值。"

"但我并没有做过什么能够体现友善或爱的事情。"卡尔说道。

"嗯，你这就提到了关键，"我回答说，"你成功地明确了价值和行动之间的重要区别。对于既定价值，你可以依之而行，也可以无动于衷。如果你奉行爱和友善的价值，即便半生从未行动，今天依然不迟，开始行动！"

"但是，我怎么知道这些是不是我真正的价值？"卡尔问。这也是一个很常见的问题，我通常用下面的谚语来回答。

"布丁好不好吃，尝尝就知道"

假设在你面前放着一个美味的布丁（如果你不喜欢吃布丁，可以换成其他甜点，如果不喜欢甜点，可以考虑比萨，如果不喜欢比萨，还有新鲜制作的水果沙拉），总之，这份食物看起来和闻起来都很美味。但它真的好吃吗？你可以就它进行分析、思考、质疑、沉思、连续花上数小时进行哲学思辨……但无论你苦思冥想多久，终究还是不解其味，唯一能知道它味道的方式就是亲身品尝。

价值也是这样的。如果你不清楚有些价值是否真是你的价值，就不要通过反复思虑或是陷入哲思的方式来解决问题。唯一的可行之道就是根据这些价值采取行动，尝试将它们带入生活，注意发生什么。如果你发现在遵循这些价值行动时活成了理想自我，就能确认这些的确是你的价值；如果你没有这种感觉，就需要尝试一些新的价值。

调味和品味

人们经常感到不知所措，因为他们试图在一夜之间彻底改变生活，这会引发压力和失败。对治之道是：小处着眼，细处着手，找到符合价值的微小举动。天长日久，水滴石穿。既然如此，我很想建议你做"调味和品味"的练习。

每天清晨，选择 1～2 项你希望带入生活的价值。例如，选择"乐于助人"和"保持开放"这两项价值，或是"友善"和"勇敢"的价值。你可以持续做实验，不妨每天或每周根据自己的渴望来尝试不同的价值选项。

（如果你不能确定选择哪些价值，可以按照字母排列顺序逐一尝试各项价值，同时注意发生什么。这就好像试穿新衣服，尺寸合适最好，不合适就试试别的。）

你可以在每一天中伺机将这些价值"播撒"到你的各种活动中，尤其是在人际关系中。换言之，无论你做出什么言行，是独处还是和他人相处，看看你能否为这些时刻调入一些你所选择的价值的味道（如果适合的话）。

在价值调味的同时，请品味这个过程！注意你在做什么，全神贯注地投入其中，全心全意地活在当下，主动欣赏这份体验，仿佛在品味最心爱的食物和音乐。

第 23 章　步步为营

　　你尝试过雕刻吗？将一块粗糙的大理石雕刻成一尊美丽的雕像？我也没有这方面的经历。但是，我在电影里看过雕塑家的做法，有一点可以肯定：他们不会同时从 10 个不同的地方入手切割一块大理石，而是一次切割一小片，一点一点来，那块原石终会变成一些很奇妙的作品。

　　建设更加美好的生活也遵循同样的原则。如果你试图同时在太多领域开展工作，终会感到压力太大、日益焦虑，或者因为不堪重负而选择放弃。应对的诀窍正是：小处着眼，每次只专注生活单一领域的微小改变。随着时间的推移，这些微小的变化将会产生很大影响。（如果你的头脑开始抗议，"不！那不够好，我希望现在就让生活发生彻底的改变"，你知道这时需要做什么练习。）

　　有时，人们对我说："是的，理论上不错，但到我的生活里就行不通。如果你和我面对同样的情况，你也无能为力。"就此，我从来不会和他们争辩，而是向他们介绍挑战公式。

挑战公式

无论处境多么艰难，我们都拥有选择。无论面临什么挑战，我们都有三个选择：

（1）离开。

（2）留下，遵循个人价值生活，尽力改善处境，为痛苦创造空间并善待自己。

（3）留下，但是做一些没用的或是会让情况变糟的事。

当然，第一个选择有时会形同虚设。例如，如果你被关进监狱，就不能说走就走。但是，如果你可以离开，就请认真考虑这个选择，比如处于高度冲突的关系中、做着毫无意义的工作、居住在很讨厌的社区等。你需要考虑，选择离开会不会令生活有所改善？

如果你无法离开或是不愿离开，也不认可离开是最佳选择，那么就剩下第二个和第三个选择。不幸的是，我们所有人的默认设置就是第三个选择：每当面临挑战，我们很容易就被困难的想法和感觉钩住，陷入自我破坏的行为模式，卡住不动，或是让情况恶化。

因此，如果不能选择第一个，第二个选择就成了通往更好生活的道路：尽力改善处境。在这个选择中，你可以向愿意帮助和支持你的人求助，或投身所在文化、社会或社区中有助于你积极改变的团体和活动。

当你遇到困难时，你自然不能期待自己会感到很愉快，难免会有很多痛苦的想法和感觉。因此，第二个选择的后半部分——为痛苦创造空间并且善待自己，就必不可少。

第 10 章提到世界卫生组织在世界各地难民营推广了一项 ACT 课程。"挑战公式"正是该项目的核心。显然，难民不能直接离开难民营，也无法停止迫使他们流离失所的战争，第一个选择行不通。但是，第二个选择却很可行。在难民营中，从早到晚都有人出于价值做很多小事，例如，善待和支持他人、练习自我关怀、积极地品尝食物，这些做法对他们的生活产生了重大影响。这种方式同样适合我们所有人，接下来让我们看看如何践行。

生活的四个主要领域

为了确保你不会因为一次做太多事而不堪重负，我们将生活分成四个主要领域：工作、爱、娱乐和健康。我们希望一次改善一个领域，这几个词语内涵很广，如下所述：

- ⊛ "工作"是有偿工作、志愿工作或家庭照料者工作的总称，还包括接受正式（如课程或学徒制）或非正式（例如，读书、看纪录片或有朋友教你如何做某事）的教育培训。
- ⊛ "爱"是一个包罗万象的词，针对你和重要他人的关系，可能包括伴侣、父母、朋友、亲戚或同事，以及所有和你有（或是希望有）可靠联结的人们。
- ⊛ "娱乐"囊括了你从事的一切休闲娱乐活动：运动、爱好或是一些创造性活动，也就是你为了开心、放松或探索而做的所有事。
- ⊛ "健康"是指你为照顾身体健康和心理健康做的一切事：锻炼、健康烹饪和饮食、投身大自然、阅读包括本书在内的自助书籍、寻求心理教练或治疗师服务、练习脱钩技能、自我关怀、祈祷、冥想、瑜伽、从事社区工作，等等。

很棒的一点在于，这四个领域相互交织，能够促进"多米诺骨牌效应"：一个生活领域的微小变化将会让其他领域产生积极的"连锁反应"。

表 23-1 中有四个方格，每个涉及一个生活领域。你可以根据需要随意细分每个方格。例如，有人把"爱"的方格细分成朋友、伴侣、孩子三部分，把"健康"方格细分成身体、心理两部分，把"工作"方格细分成付费工作、志愿工作两部分。

请在每个方格（或是在细分方格）内写下 1 ~ 3 项价值。选择你最重视的价值：你想在这个领域开始践行或是持续遵循的价值。（你可能发现有些价值同时出现在几个方格或细分方格内，有些价值只出现在一处。）

完成上述工作后，算出一个平均分，它代表你践行这些价值的情况。例如，这些价值在多大程度上影响你的言行，在过去一周里，10=

完全受影响，0= 完全没受影响。我强调"平均分"是因为我们在遵循价值生活时的表现时刻都在变化，这一刻，我们的表现可能完全符合理想自我；下一刻，我们就被想法和感觉钩住并陷入偏离行动，言行和理想自我也会相去甚远。（如果你细分了方格，可以为每个细分方格给出平均分。）

继续阅读之前，请完成价值方格。

表 23-1　价值方格

工作 我希望开启或持续遵循的价值： 在过去一周，我在多大程度上遵循这些价值生活，给出平均分，0= 完全没有，10= 完全有 我的分数：	爱 我希望开启或持续遵循的价值： 在过去一周，我在多大程度上遵循这些价值生活，给出平均分，0= 完全没有，10= 完全有 我的分数：
健康 我希望开启或持续遵循的价值： 在过去一周，我在多大程度上遵循这些价值生活，给出平均分，0= 完全没有，10= 完全有 我的分数：	娱乐 我希望开启或持续遵循的价值： 在过去一周，我在多大程度上遵循这些价值生活，给出平均分，0= 完全没有，10= 完全有 我的分数：

你的进展如何？是否出现一些困难的想法和感觉？出现是完全正常的，几乎每个人都发现自己的分数比自己想要的分数更低一些，而头脑很快开始评判我们，我们很容易开始感到内疚、羞耻或焦虑。但你现在也很清楚该怎么做：允许这些想法和感觉待在那里，为头脑的卖力工作表示感谢，善待自己，专注于正在做的事。

从一个领域的一个短期目标开始

在接下来的一周，从这四个领域（或是其中一个领域的细分）中选择一个工作。是的，接下来的一周就选择一个领域。从小处入手很重要，如果我们试图立刻实现太多的改变，就很容易不知所措和前功尽弃。

随着时间的推移，我们可以逐渐将这个思路贯彻到所有的生活领域，还可以设置中期目标和长期目标（之后会讨论）。想要成功就需放慢脚步，中国的古谚有言，"千里之行，始于足下"；伊索寓言中也有类似名言，"一点一点来最奏效"；西方还有一则旧谚，"强大的橡树是由小小的橡子长起来的"。还有很多耳熟能详的类似说法，应该已经足够，我相信你抓住了重点。

因此，你现在的目标是为你选择的领域设定一个短期目标，你可以在接下来的几个小时或几天内做一些符合所选价值的事。但是，你首先需要了解关于如何设定目标的重要建议：

不太容易，也别太难

目标太容易无法促进个人成长，目标应该能让你感到有点紧张，能将你带离"舒适区"。但如果你的目标太难，就容易导致放弃，或是尝试也会以失败告终。因此，你需要找到难度适中的目标。

不要设置"情绪目标"

不要设置关于你想要什么感觉的情绪目标，那只能让你退回自我破坏的搏斗策略。

不要设置"死人目标"

"死人目标"是指一具死尸比你更擅长完成的目标。例如，如果你想要不再抽烟——一具尸体会比你做得更好，他们无论如何都不会抽烟了。

关于不做某事的目标都是一种"死人目标"，尸体真的极其擅长不做事。因此，你需要将这种目标转化为"活人目标"（活人比死人做得更好），问问自己，"如果我不做这件事，我能做点别的什么"，例如"我不再抽烟，我可以练习抛锚、冲浪、身体拉伸、外出散步或是正念喝水"。（你做这些事情绝对比尸体做得好。）

设置"具体目标"

很重要的一点就是你将要采取的行动需要明确和具体。例如，"我每周游泳 30 分钟，一周 2 次"或"每天午餐时段，我要散步 10 分钟"，而不是用"我要加强身体锻炼"这种模糊的措辞。

此外，你还需要确定行动的时间地点。例如，"我周三下班后去公园跑步"。

设置"现实目标"

你需要根据当前的资源，确保目标现实可行。你的资源包括时间、金钱、精力、身体健康、技能、知识和他人的支持帮助。例如，如果你的身体健康受损，跑步或在健身房锻炼可能就不现实，但散步或许可行。请记住，这是一个短期目标：你下周就要落实行动。

预知会出现困难的想法和感觉

当你离开舒适区时会发生什么？是的，没错，你会感到不舒服。因此，提前就要预料到，你脑袋里的"找理由机器"一定会想出各种理由阻拦你这么做；也需要预料到自己会感到不适，尤其是身体的焦虑感受。你觉得在开始努力实现目标时可能会有什么困难的想法和感觉？（通常，即便只是做这个练习都会有不适的想法和感觉。）你是否愿意为这些困难的想法和感觉提供空间，以便投身行动建设理想的生活？（如果答案是"不愿意"，你就需要更改目标，降低难度，选择更小、更简单和更容易的目标。）

嗯，你准备好继续前进了吗？研究表明，如果你能写下你的目标，而不只是想一想，就更有可能为实现目标采取行动。因此，为了生活更美好，请你拿出一支笔，可以写在本子上，也可以在纸上复制下面的表格（见表23-2）。然后，请你花几分钟填好。

表 23-2

生活领域：

价值：

目标：

行动的时间地点，以及我要采取的具体行动有哪些？

我觉得会出现哪些困难的想法和感觉？

我是否愿意针对这些困难的想法和感觉使用脱钩技能，并且投身真正有助于实现理想生活的行动，"是"还是"不是"？

（如果不是，更改目标，选择更小、更简单和更容易的目标。）

用1～10评分，我采取行动的现实可能性是多少分？

（如果分数小于7，更改目标，选择更小、更简单和更容易的目标。）

在继续阅读之前，现在就完成这个表格。

融入你的价值

你做完上面的练习了吗？有时，人们试图跳过这个小步骤。如果你也想这么做，还是算了！我会"追捕"你，毫不客气地敦促你，直到你忏悔。说真的，请你不要跳过上述练习。这些练习现在看着挺费劲，但习惯成自然，到时就无须再按部就班。

我们之前谈到，需要有效设置目标和行动计划来代替担忧。我认为，制订计划看着挺麻烦，但和因为担心而消耗很多时间相比，会更合算。制订计划和其他技能一样，都需要反复练习，直至你可以通过三个步骤快速将价值落实于行动：

（1）首先，面对当前的生活领域，问自己，"我希望是什么样"或"我的立场是什么"。

（2）其次，在找到一些价值后问自己："我如何让这些价值发挥作用？我能够说些什么或是做些什么？"

（3）最后，问自己："我是否愿意为由此带来的不适感创造空间？"

这些听起来是不是有些做作、循规蹈矩和事无巨细？你是不是想要更主动和自然一点？请放心，方向对了之后，你就能自然地将价值融入生活。但你必须现在就行动！

几个例子

你还记得苏拉吗？她刚满 33 岁，因为还是单身感到悲伤和孤独，毕竟她的所有朋友都拥有长期的亲密关系。苏拉在"爱"这个领域的价值是保持爱意、关心、开放、敏感和有趣。其实，她完全能够在和朋友、家人及最亲密的关系中体现这些价值，但是，她还是最想在伴侣关系中体现，可她现在还没有爱人。因此，她最主要的长期目标是寻找一位伴侣。于是，我请她确定一个下周就能落实的短期目标，这个目标需要让她距离长期目标更近一步。于是，她决定加入在线约会网站，创建个人档案，每天至少花 1 小时寻觅约会对象。

刚开始这么做时，她对自己出现的严重焦虑感到很吃惊，她的"找理由机器"对她说："这完全是在浪费时间和金钱，网上认识的男人都是失败者、骗子或精神变态。"于是，她向头脑道谢，感谢头脑试图保护她，然后为焦虑创造空间，继续做这些事。

我们再来看唐娜，她在接纳亲人亡故并戒除酒瘾之后，面临逐步重建生活的艰巨任务，这需要循序渐进。她的体重减轻了很多，身体状况也很差，现在她最担心的是健康状况和之前酗酒对肝脏的损害。于是，她首先选择"健康"的价值领域。在这个领域，她的主要价值是自我关心和自我鼓励，短期目标是每天吃一顿健康午餐、步行 15 分钟、晚上 11 点睡觉（而不是半夜 2 点）。你会发现这其实不是一个目标，而是三个。是的，你可以根据自己的想法一次设定多个目标，只要它们现实可行，不会令你不堪重负。

第一周，唐娜设法吃了健康午餐，7 天中有 5 天外出散步，有 4 个晚上在 11 点前睡觉。她为此十分开心。是的，这不完美，那又如何？她已经在自我照料方面取得了明显的进步，而追求完美恰恰是制造痛苦的配方。

现在，回来看看你是否完成了练习。如果没有，现在就做。我的建议是：如果你能向他人（一个令你信任的支持者）做出承诺，就更有可能实现目标，研究证实了这一点。你能找到这样的人吗？你可以给他打电话、发短信、发邮件、线上会谈或是当面交谈，告诉他你要做的事。（找不到也没关系，能找到的话，我鼓励你向他承诺，即便这让你感到不适。）

我向你保证

苏拉和唐娜能够实现目标，是因为她们做了必要工作：学习如何脱钩，联结自身价值，设定现实的目标。我在此向你保证：

我保证，如果你能实践本章提到的一切……

那么，关于目标能否实现……

我可以百分之百向你保证……

要么你就实现，

要么你就没实现！

百分之百向你保证，否则赔你书钱！

这么说有点诙谐，但我很认真。有时，你使用我建议的这些策略并且坚持到底，事情进展得很顺利；也有时，事情毫无进展。为什么？因为你是一个普通人，很容易犯错，就像我们所有人一样，在"不完美"这一点上你也"非常完美"。你不是虚构的超级英雄，总是使命必达，总是能在遇到障碍时做"正确的事"。你是一个普通人，你和我们大家一样，有时实现目标，有时无功而返。

因此，如果你坚持实现了目标，那你很棒，请留意遵循价值去生活是怎样的感觉，继续朝向理想生活前进，充分地活在当下，品味你的体验。

如果你不能坚持到底呢？我们可以将最初的目标称作"A 计划"。现在，无论出于什么原因，"A 计划"失败了，那"B 计划"是：根据这些价值，换一种行动方式。

毕竟，生活十分复杂，计划赶不上变化。我们的目的不是实现设定的每个目标，那是天方夜谭，我们的目的是充分体现自身价值。因此，如果不再讨论 A 计划，就换成 B 计划——当你按照那些价值去行动时，留意发生了什么，欣赏朝向有意义的方向前进时的体验。

现在，如果上述这些你都做不到，就可以选择：①善待自己，记得自己是一个普通人，我们不是完美的，大家都差不多；②注意是什么阻碍了你，特别是钩住你的想法和感觉是什么。下一章将重点讨论如何克服阻碍。

好的，我说得够多了，继续阅读，祝你好运！

The
Happiness
Trap

第 24 章　艰难险阻

你随意询问一位心理治疗师、教练或咨询师，他们都会告诉你在行为改变的过程中必然遭遇艰难险阻。会谈时，来访者会突然表现得十分兴奋和热情洋溢，激动地说，"我想做这件事，还想做那件事"。然后，等到下次会谈时，他们就感到内疚和尴尬，因为上次承诺的事毫无进展。当我的来访者出现这种情况时，我怎么对他们说？

我会说："你和我真像！"（你真应该看看他们惊讶的神情。）我继续说："是的，我经常许诺要做一大堆事，结果都不了了之。"

"你？"他们惊呼道，"但是，但是，但是……你是一名医生……你是一位作家……你简直和克里斯·海姆斯沃斯[⊖]（Chris Hemsworth）惊人相似！"（嗯，他们没说最后这句话。）

⊖　克里斯·海姆斯沃斯是澳大利亚影视演员，代表作有《星际迷航》《雷神》《复仇者联盟》等。——译者注

"我们这是同舟共济，"我告诉他们，"这就是人类的普遍状况，我们很兴奋地承诺要做某些事情……然后，有时做，有时没做。"接下来，我会帮助他们从严苛的自我评判中脱钩，练习自我关怀，再看看做事过程中遇到的阻碍。

因此，如果你执行了 A 计划或 B 计划，那真的很棒。但是，如果你没有完成，也没关系：你并不孤单，我们都经常不能坚持到底，自责并无助益。你需要从"不够好"的故事中脱钩，善待自己。

沿途会遇到什么

朝向更有意义的生活迈进时，我们将反复面临四种阻碍（首字母缩写是 HARD）：

H：被钩住了（Hooked）

A：回避不适（Avoiding discomfort）

R：远离价值（Remoteness from values）

D：可疑目标（Doubtful goals）

我们逐一来看。

被钩住了

我们头脑的"找理由机器"极富创造力，它会变换各种方法说服我们拒绝采取行动："我不值得过得更好""我会失败""我会把事情搞砸""会发生可怕的事情""我不具备条件""我太忙 / 累 / 抑郁 / 焦虑""我稍后再做"，等等。

但所有这些想法都不成问题……除非我们被钩住了。如果被这些想法钩住，我们肯定就会偏离轨道；如果我们能够脱钩，这些想法就无能为力。因此，针对这个阻碍的解药就是充分发挥脱钩技能：注意和命名想法，感谢头脑，在被严重钩住时就抛锚。

回避不适

想要做出富有意义的改变并且收获个人成长，你就需要离开舒适区。这必然导致各种不适感的出现，包括困难的想法、身体感受、情绪、回忆和冲动，等等。如果我们不愿意对这些体验敞开心胸并为它们创造空间，就难以投身真正重要和富有挑战的事情。

针对这个阻碍的解药就是使用更多的脱钩技能。我们需要驯服困难的感觉：允许感觉存在，将呼吸带入感觉，为感觉创造空间，友善地自我抱持。养成询问自己的习惯："为了能做重要的事，我愿不愿意为这种不适感创造空间？"

远离价值

假如这些富有挑战的事不重要或无意义，我们就没必要做。因此，如果我们忽视或忘记了自己的价值，就会感到动力不足。针对这个阻碍的解药就是真正联结自身的价值：无论我们和价值有多疏离，价值总在我们的内心深处。（一个价值就如同你身体的一部分，即便你经年累月忽视这个部分，它依然存在，现在开始刻意重用它，永远不晚。）沿途每走一步，你都可以确认价值，无论这一步是多么微不足道，你都是在践行价值。这是重中之重。

可疑目标

你的目标真的现实吗？你想要做的是不是太多，会不会太快？你是不是力争完美地实现目标？你是不是缺乏做事的必要资源？这里的资源包括时间、金钱、精力、健康、社会支持或是必备技能等。

如果目标不切实际，你将不堪重负，很可能半途而废，或是即便尝试也以失败告终。针对这个阻碍的解药就是拆解目标：设置更小、更简单和更容易的目标，让目标和当前资源相匹配，具有现实可行性。不妨问问自己："我能迈出的最小、最简单的一步是什么？只要能让我靠近这个目标一点就行。"然后去行动。

接下来，一旦迈出一小步，继续问："能让我再靠近目标一点的最微小和最简单的下一步是什么？"（这就好像那个老笑话：如何才能吃掉一头大象？一次一小口！）

但是，如果你缺乏实现目标的必备技能呢？嗯，那你的新目标就是学习这些技能。（你得先学会骑自行车，才能参加环法自行车大赛。）

假如你缺乏必备资源（比如时间、金钱、健康、精力、社会支持或是相关设备），如何才能获得？你可以暂时放下之前的目标（稍后再来），设置一个更现实的新目标。

"找理由机器"不会保持沉默

不要期待你的头脑会充当一位啦啦队长，说一些"加油！加油！你能做到！加油！加油！马上就能做到"之类的话，这不是它的运作方式。当然，它偶尔会这样，比如当你设置一个遥远的目标，"我明年就做"（头脑就会说"对"），或是当你设置一个轻而易举就能实现的目标，比如用手挤点柠檬汁之类的，这样的目标不会让你产生任何不适，头脑自然会很赞同。而如果你设置的是一个会将你带离舒适区的短期目标，你的"找理由机器"必然开始喋喋不休。以下这些说法很经典：

"我会搞砸的"

"我会做错这件事""我会犯错"，这还是头脑在好心帮倒忙。它真正想要说的是：①注意你在做什么；②重在实践。

现实情况是，我们都经常犯错，生而为人必然如此。几乎每一种你今天认为理所当然的活动——阅读、交谈、散步、骑自行车，对你来说都曾经十分困难。（想想婴儿在学步期要摔倒多少次。）关键就在于你正是通过犯错来学习，你能从错误中学到不要做什么，或是换种方式做，从而提升效能。犯错是学习的重要环节，请你拥抱自己的错误。感谢你的头脑，放下对完美的追求——这样的生活会令人更加满意和愉快。

"我不知道能否做到"

引用作家亨利·詹姆斯（Henry James）的话："除非试试，否则你不能说做不到。"设定目标时，我们谈论的是可能性，而不是确定性。这个世界上几乎不存在确定性，我们连明天是不是还活着都不能确定。因此，没有人能确定自己是否可以实现目标。但可以肯定的是，如果试都不试，就绝无可能成功。引用传奇的曲棍球运动员韦恩·格雷茨基（Wayne Gretzky）的话说："你100%会错过你没投的球。"

"但是，如果……"

"找理由机器"很喜欢"如果……"的故事，"如果我尝试后失败了呢""如果我投入全部时间、精力和金钱，却一无所获呢""如果我出丑了怎么办"。如果你被这些故事钩住，就很容易在无休无止的自我辩论中浪费时间，无法采取行动。因此，你需要留意和命名故事，"跳出想法的溪流"，将价值融入要做的事。

我敢肯定你的头脑能够找出更多理由，而且都颇有说服力，但你不必服从。例如，你是不是经常有"我做不到"之类的想法，然后做得很好？你是不是经常想要采取伤害他人或自我破坏的行动，却没真正做？（恰恰是因为我们不总是服从所有的想法，现在才没进监狱或医院。）

为了证明你不是必须服从你的想法，可以尝试做这两个实验：

（1）默默对自己说："我不能抓我的头！我不能抓我的头！"当你这么说时，抬起胳膊抓抓你的头。

（2）默默对自己说："我必须合上这本书！我必须合上这本书！"一边这么说，一边保持这本书打开的状态。

你做得如何？你肯定发现自己不是真的必须服从想法，你有权选择怎么做。你越是掌握脱钩技能，就越是拥有更多选择。

我提到过一位叫马科的年轻男士，他超重、健康欠佳，想要重塑健美身形。马科选择了"健康"这个价值领域，将"自我照料"作为价值，他的第一个短期目标是明天早起半小时外出跑步。然后，他的"找理由机器"立刻发动："但我喜欢睡觉，天气太冷，我身体这么虚弱，会伤到膝盖，我也不知道哪能找到跑步的人，我穿运动服看上去很可笑。"

我对他说："这些都是阻拦你去跑步的非常完美和正当的理由。现在，假设你最爱的人被绑架了，绑匪说除非你执行这个目标，否则不会放人，你会怎么做？"

他回答："那我当然去跑步。"

我接着说："什么？你的意思是你会早起跑步，尽管存在所有那些阻拦你的理由？"

然后，马科就明白了。我们不必等到"找理由机器"沉默（或是变成"啦啦队长"）时再行动。我们可以有 10 个、20 个或 30 个完全正当的理由不做某事，同时继续做。我们可以注意和命名这些理由，把头脑当成在背景中播放的收音机，随它唠叨就好，同时联结价值、投身行动、专注做事。

有时，当我问他们这个"绑架问题"时，人们抗议说："但那太可笑了！我爱的人并没有被绑架啊！"

我回答说："是的。不过关键在于你生活的一个重要部分被'绑架'了，它从你这里被'夺走'了。你想把它拿回来吗？如果想，你是否愿意做一些重要的事，即使'找理由机器'竭力让你放弃？"

HARD 阻碍

现在，你已经了解关于 HARD 的四种阻碍：被钩住了、回避不适、远离价值和可疑目标。（如果碰巧还没遇到这些阻碍，你很快就会遇到。）

接下来怎么做？

　　如果你确实遵循了前一章的 A 计划或 B 计划，那就设定一个短期目标（两三个也可以，只要现实可行，不致不堪重负）。可以在同一价值领域（或细分方格）或是不同价值领域设定目标，目的是练习设定和执行目标。如果遇到 HARD 阻碍，你知道怎么做。

　　如果你没能坚持完成计划，就请确认遇到了哪一种 HARD 阻碍（有时是所有阻碍），使用推荐的"解药"。然后，再次尝试实现之前的目标或是设定一个新目标。

　　如果 A 计划失败，就切换到 B 计划。寻求其他的方法，多小的方法都没关系，继续按照价值生活才是重点。

The
Happiness
Trap

第 25 章　两难困境

瑞贝卡感觉自己面临一种价值冲突，但果真如此吗？

她是一位 40 岁的单身妈妈，职业是房地产经纪人。尽管这份工作的要求很高，但她很喜欢，并且希望有出色的表现。她需要照顾两个年幼的孩子——7 岁的萨米和 9 岁的尼娜，她发现很难平衡工作和家庭的要求。

那么，她是真的面临一种价值冲突吗？

完全不是。她面临的是时间管理冲突：花多少时间在家庭上，花多少时间在工作上？

她作为妈妈的首要价值是保持爱意、关心和有趣。这些价值不会改变，无论她每周陪伴家人 20 小时还是 50 小时。她在工作中的首要价值是践行友善、高效和负责。这些价值也不会改变，无论她每周花在工作上 10 小时、20 小时还是 50 小时。

无论她在家庭或工作上投入多少时间，她的价值都保持不变。所以，这不是一种价值冲突，而是一种时间管理冲突：如何在两个重要的生活领域分配时间。无论她多么清楚自己的价值，都不是解决问题的关键。瑞贝卡必须决定在生活中的每个领域投入多少时间，这个选择并没有完美的答案。她需要不断尝试，找到最适合的方式。无论怎么安排，她的头脑都可能批评她没有在工作或是家庭上投入足够多的时间（也可能评判她在这两方面都没做好）。

但是，无论瑞贝卡如何分配花在工作和家庭上的时间，如果她选择全然按照价值去生活，都可以感到心满意足。每当和孩子们相处，她可以保持爱意、关心和有趣；而在工作中，她可以践行友善、高效和负责。当她因为在两个生活领域花费的时间上厚此薄彼而深感不安时，就可以从"不够好"的故事中脱钩，为内疚和焦虑创造空间，善待自己，提醒自己在这种复杂的情况下不存在完美的答案。

艰难抉择和两难困境

有时，我们必须面对两难困境，需要做出艰难的抉择，"我是继续留在这段关系中还是离开""我是辞掉这份工作还是留下""我是学习这门课程还是另外一门""我是否需要接受医学治疗""我们是不是准备要个孩子""我是否要告知他们真相，我是选择公开还是继续保密"。

每当面对这些情况，头脑很容易超速运转，拼命想弄清楚应该怎么做，力图"做出正确的决定"。问题是这会耗费好多天、好几个星期甚至好几个月，而在婚姻不幸或是对工作不满等情况下，做出最终的决定可能需要花费数年时间。与此同时，每当面临艰难的选择，我们很容易陷入一种浓厚的心理迷雾，无休无止地考虑"做还是不做"，我们会在这个过程中深感焦虑和压力，因而错失此时此地的生活。

针对这种情况，ACT 如何帮助我们？

第 1 步：承认陷入两难困境

如果你面临严重的两难困境或是需要做出真正艰难的抉择，只用接下来的几个小时恐怕不能解决问题。你能否为这一事实创造空间？与之搏斗只会令情况恶化。

第 2 步：采用常识步骤——成本收益分析，收集更多信息

有时，一种两难困境可以通过古老的"常识性"方法解决，比如"成本收益分析"。你可以列出每个选项的全部成本和收益。如果这么做后感觉没有帮助，那也挺好，至少你试过。但如果你没做，或者之前做时三心二意，或者只是想想没写在纸上，那你现在值得认真试一试这个方法。

把每个选项的成本和收益写下来，这种体验与在脑海中盘算或和他人谈论是截然不同的，写下来有助于你最终做出决定和解决两难困境。

另外，请记住，有时你还可以通过连接可靠的资源（比如一本书、一个人、一个网站、一个组织等）获取更多信息，以便解决问题。因此，确保你已经收集到了足够多的信息来支持自己做出明智的决定。幸运的话，这些新的信息会让每个选择的成本和收益更清晰，从而有助于你下定决心。

但是，有个事实难以忽视：这种两难困境越严重，做出决定就越艰难，这些常识性方法也就很难生效。因为假如一个选择明显优于其他，那你从一开始就不会陷入进退维谷的境地！

第 3 步：明确不存在完美解决方案

接下来，你需要认识到不存在完美的解决方案。因此，无论做出什么选择，你都可能感到焦虑，头脑可能告诉你"那是一个错误决定"，然后指出一切你不应该这么做的原因。如果你要等到不焦虑，也不觉得做错了的那一天再做决定，你可能会永远等待，无法真正决定。

第 4 步：必须做选择

你需要认识到，无论你处于何种困境，其实你都已做出选择。你没有

辞职，每一天都意味着你选择留下。（递交辞呈那天之前，你都是在继续做这份工作。）你没离婚，每一天都表示你选择留下。（收拾行李离家之前，你都继续留在婚姻中。）你不签署手术同意书，每一天都意味着你选择不做手术。你保持沉默和严守秘密，每一天都意味着你选择不透露真相。

第 5 步：现实表明了你的选择

紧接着上面谈的，每一天开始时，你都可以认可今天的选择。比如对自己说，"嗯，接下来的 24 小时我选择留在婚姻中"或是"接下来的 24 小时我选择保守这个秘密"。如果 24 小时太长，就选择接下来的 12 小时或 6 小时（还可以选择接下来的 60 分钟）。你可以在设定的时间结束时重新评估，然后在接下来的 24 小时（12 小时或 6 小时）做出新的选择。

第 6 步：选择你的立场

根据第 5 步的选择，你在接下来的 24 小时（12 小时或 6 小时）中的立场是什么？在当前的生活领域，你希望遵循什么价值？如果你继续待在婚姻中一天（或 1 小时），你希望在这一天（或 1 小时）中成为什么样的伴侣？如果你继续工作一天（或 1 小时），你希望在这一天（或 1 小时）中成为什么样的员工？

无论你的处境如何，你总能找到实现价值的方法。例如，假如你选择保守一个秘密，而诚实的价值对你很重要，那么，你还有无数方式在今天按照诚实的价值生活。例如，你可以练习自我关怀，诚实地体会自己所受的伤害，也可以诚实地在日记中记录感受，还可以诚实地向他人倾诉保守秘密有多困难。

第 7 步：花时间反思

定期留出时间认真反思。最好在第 2 步就这么做：用日记或电脑写下每个选项的成本和收益，看看和上次写的有什么不同。你还可以尝试想象，选择这条路或那条路，生活会是什么样子，会有什么好事和坏事发生。

对大多数人来说，每周反思 3 ～ 4 次，每次用 10 ～ 15 分钟时间就足够了，但是你可以根据个人偏好决定反思时间。关键是在反思时保持专注，不要在看电视、做家务、开车回家、去健身房或做饭时进行反思，你需要安静地坐下来，拿着纸笔或是使用电脑，不要做其他事，就用这段特定时间专心致志地反思。

第 8 步：为故事命名

你的头脑很可能一整天都在努力地一遍又一遍将你拉回两难困境。假如这种方式真有帮助，你早就解决掉这个困境了，是不是？因此，我们需要继续"为故事命名"。例如，尝试对自己说："啊哈，又来了，那个'是去是留'的故事。谢谢你，我的头脑，我知道你很想帮忙，不过没什么事。我已经解决了。"然后，将注意力集中于真正有意义的、价值导向的活动。你可以这样提醒自己："我稍后再利用反思时间专门考虑这件事。"

第 9 步：保持开放和创造空间

在这种情况下，无论做出什么选择，你通常都会感到焦虑，而且是反复焦虑。因此，你需要练习对这些感觉保持开放，为它们创造空间，告诉自己，"这是焦虑的感觉"，提醒自己，"这很正常，每个人在面临不确定性和很有挑战的情况时都会焦虑"。

第 10 步：自我关怀

最后，同时也很重要的一点就是：自我关怀。你需要温柔地对待自己，进行友善的自我对话，利用脱钩技能从一切无用的、自我评判的头脑噪声中脱钩。

提醒自己，你只是一个普通人，出现情绪很正常，你不是高科技电脑，能够冷静分析概率并算出答案。提醒自己，这是一个非常艰难的决定——如果很容易，你从开始就不会陷入两难境地！

承认你深陷痛苦，深受伤害。你需要多为自己做一些友善的事情，更多地向自己表达善意、关心、滋养和体贴，多做一些能让自己在这个困难时刻感到更加满足、滋养和得到支持的事，包括和密友共度美好时光、照料身体、投身最热爱的休闲活动、腾出时间运动、投入创造性活动、烹饪健康晚餐，以及练习第 15 章的"友善之手"。

以上就是面临两难困境和艰难抉择时的 10 个步骤，你每天都可以反复应用，如有必要，不妨一天多做几次，然后你可能面临以下三种情况之一：

（1）随着时间的推移，其中一个选项变得明显优于另外的选项。

（2）随着时间的推移，其中一个选项消失，不再可用。

（3）随着时间的推移，你的困境仍然没有得到解决。

如果是第 1 种和第 2 种情况，就等于可以做出决定了，你的两难困境得到了解决。如果是第 3 种情况，那你至少还可以有意识地按照价值生活，同时善待自己，而不是迷失在一团焦虑和难以抉择的迷雾之中。

The
Happiness
Trap

第 26 章　打破坏习惯

　　我们每个人都很自然地拥有不少坏习惯，反复做一些让自己偏离理想生活的事，这些坏习惯还很难改变。著名作家马克·吐温（Mark Twain）说："习惯就是习惯，没有人能将它们扔出窗外，只能哄着它们一次一个台阶地下楼。"（他还说："戒烟很容易……我都戒掉几百次了。"）

　　因此，针对习惯来说，用"打破"这个词多少容易误导，听起来好像我们真正能将习惯撕成两半并扔到垃圾桶似的。别忘了，大脑的工作原理是做加法而不是减法，我们不能简单地删除"坏习惯"背后旧的神经回路。这些神经回路都会保留，让我们产生冲动和渴望，继续做轻车熟路的偏离行动。但是，我们可以在旧有神经回路之上覆盖崭新的神经回路。我们可以开发崭新的、更有效的行为模式，有意识地选择新行为，放弃旧的偏离行动。

　　如果我们反复练习新行为，随着时间的推移，经过多次重复，最终会

到达临界点，我们开始自发自如地采取新行为——到达这个点就表明我们
已经养成了一种"新习惯"。但是，想让一种新行为成为习惯通常需要
很长的时间，不要相信所有声称需要 21 天（28 天或 35 天）就能形成一
种新习惯的博主、自助书籍和励志演说家。这些数字听起来不错，但缺
乏科学依据，纯属编造，而大家现在都把这种观点当成事实一般复述。
其实，你仔细观察自己的经验就会发现，想让一种新的行为模式成为习
惯，即便不用花几年时间反复练习，通常至少也需要花数月的时间来练
习。因此，在我们最终达到临界点之前，也就是新行为变成自动化行为
之前，我们都需刻意努力地反复"投身行动"：每当我们发现自己即将开
始陷入或是已经陷入了某种偏离行动，就阻断它，并选择一种趋向行动
取代它。

好消息是，我们运用本书提到的技能就能阻断几乎所有的"坏习惯"，
然后选择一种更有效的习惯取而代之（如图 26-1 所示）。

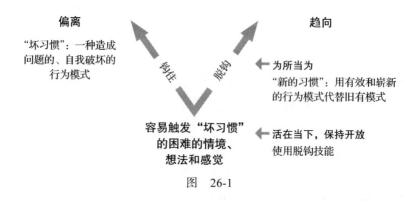

图　26-1

想要启动这个"打破坏习惯"的过程，可以完成以下 5 个步骤：

（1）行为的触发因素是什么？

（2）行为的回报和代价是什么？

（3）好的备选行为是什么？为什么？

（4）需要使用哪些脱钩技能？

（5）何人何事能够提供帮助？

现在就做。选择你希望处理的一种"坏习惯"（你不断重复的任何一

种无效、造成问题或自我破坏的行为模式），写下你对上述每个问题的答案。为了帮助你完成，我为你提供常见问题行为的一个示例，即"拖延症"。

准备好开始了吗？准备好纸笔了吗？首先写下你想要减少的行为，然后考虑下面的问题。

问题 1：行为的触发因素是什么

通常有哪些情境、想法和感觉会触发这种行为？是什么特定的人、地方、事件、想法、回忆、冲动和情绪？（如果你不确定触发因素是什么，就先写"不确定"。然后，在接下来的几天，使用"活在当下"的技能，仔细留意你会在何时何地有这种行为，在行为之前出现的想法和感觉就是触发因素。）

 我的问题行为是拖延重要工作。触发因素通常是：①思考一个我需要完成但令我感到无聊、困难或焦虑的任务；②思考这项任务时出现的焦虑、恐惧或其他不快情绪。

问题 2：行为的回报和代价是什么

每种行为都是既有回报又有代价。（"回报"是指"利益"或"收益"。）如果想知道我们为什么维持一些问题行为，首先就要注意行为的触发因素，然后识别行为的回报。行为的回报（无论是趋向行动还是偏离行动）大体上归结为：

- 你回避或逃避了你不想要的东西（内在的，外在的，或是二者兼有）。
- 你得到了你想要的东西（内在的，外在的，或是二者兼有）。

以下是一些常见的行为回报，某种行为可能帮助我们：

- 回避或逃避带来挑战的人、地点、情境或活动。
- 回避或逃避不想要的想法、情绪、回忆、冲动或感受。
- 满足我们的需求。
- 获得关注或认可。
- 让别人去做我们想做的事。
- "看起来能够善待别人"或"和别人相处融洽"。
- 让自己感觉更好（放松、宽慰、平静、快乐、安全）。
- 让自己感觉正义（我们是"正确的"，他人是"错误的"）。
- 让自己感觉正在努力解决问题。

每种行为都有很多可能的回报，但大多数都符合上述某一类或是多类（通常是多类）。偶尔，我们很尽力还是找不出行为的回报，这也没有关系，我们并不是必须知道行为的回报，更重要的是明确行为的代价。

当然，在考虑改变行为时，其实我们已经发现了一些行为的代价——否则，我们为什么要费心改变？但是，我们需要深刻反思，将某种行为和其造成的损失真正联系起来。否则，我们可能很不情愿承受那么多麻烦来进行必要的艰苦工作。因此，我们需要诚实地询问自己：

- 这种行为有什么代价或缺点？有什么意外的负面后果？
- 我们这样做时会失去或错过什么重要的事？
- 这么做是否会让我们远离重要的人和事？
- 这么做对我们的健康、幸福、工作、人际关系或生活满意度有什么负面影响？

 拖延症的回报包括：

- 我回避了无聊、有挑战性或引发焦虑的任务。
- 我避免了焦虑、恐惧和其他不愉快的感觉。

❀ 我可以转而去做更加有趣和容易的事。

❀ 每次我决定再推迟一点时间，都会感到解脱。

示例 拖延症的代价包括：

❀ 导致有利于生活的重要任务无法完成。

❀ 我错过了完成任务可能的收获，比如 A、B 和 C（例如，满足感和成就感、自我忠诚、改善健康和人际关系、更接近长期目标的完成）。

❀ 从长远看，推迟任务会增加焦虑感，降低幸福感，并给 X、Y 和 Z 带来压力（例如，我的健康状况、财务状况和人际关系）。

❀ 我浪费了宝贵的时间和精力，投入其他活动以分散注意力。

像这样列出拖延症的回报和代价之后，询问自己：代价是否超过回报？

如果答案是"没有"（而且你对自己很诚实），那么你显然不认为这种行为有问题，那就再选择一个别的行为来处理。

如果答案是肯定的，代价超过回报，就请考虑下一个问题。

问题 3：好的备选行为是什么，为什么

一旦你看清这个习惯的代价远大于收获，接下来就考虑能做哪些新的、有效的行为。

例如：

❀ 如果你在对孩子或伴侣的行为感到沮丧、恼火或生气时不对他们大喊大叫，那你会怎么做？

❀ 如果你感到痛苦、压力、焦虑、无聊时，你选择不喝酒，不暴饮暴食，那你会做什么？

◈ 如果你想花更少的时间看电视、玩电脑游戏、在社交媒体上闲逛或是昏昏沉沉，那你会怎么做？

这些问题会将我们带回设定目标的技能：我们需要在价值指导下选择崭新的和有效的行为。例如，关于上述情况可以考虑的要点是：

（1）我们不再大喊大叫，而是耐心冷静地要求他们改变做法，或者接纳发生的事，开开玩笑，还可以冷静诚恳地谈论他们这么做给我们的感觉。

（2）我们不再跑去喝酒、暴饮暴食或是抽烟，而是首先驯服困难的情绪，然后投入我们觉得有意义和令人满足的活动，可以和宠物玩耍、阅读、观影，也可以计划度假、从事创造性活动、整理旧照，还可以和亲朋好友共度美好时光，等等。（重点在于首先通过驯服技巧来对感觉保持开放，并为它们创造空间，否则这些活动就变成了分散注意力的回避策略。）

（3）我们不再花很多时间做这些事，而是安排我们认为更有意义的事，比如上一条要点中提到的那些事情。

此外，我们还想弄清为什么这个备选行为是很好的选择。也就是说，这种新行为能够给我们带来哪些回报？如何有利于我们的健康、幸福、人际关系和工作？能否让我们趋近理想生活？我们将要奉行什么价值？这么做能让我们接近哪些长期目标？

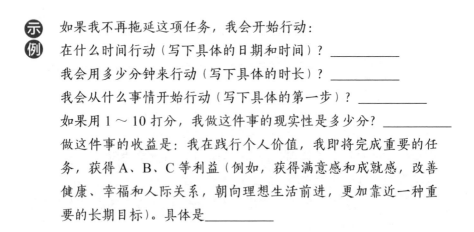

如果我不再拖延这项任务，我会开始行动：

在什么时间行动（写下具体的日期和时间）？＿＿＿＿＿＿

我会用多少分钟来行动（写下具体的时长）？＿＿＿＿＿＿

我会从什么事情开始行动（写下具体的第一步）？＿＿＿＿＿＿

如果用 1～10 打分，我做这件事的现实性是多少分？＿＿＿＿＿＿

做这件事的收益是：我在践行个人价值，我即将完成重要的任务，获得 A、B、C 等利益（例如，获得满意感和成就感，改善健康、幸福和人际关系，朝向理想生活前进，更加靠近一种重要的长期目标）。具体是＿＿＿＿＿＿

问题 4：需要使用哪些脱钩技能

因为这种新行为会将我们带离舒适区，所以肯定会出现困难的想法和感觉。因此，事先有所准备是明智的，"凡事预则立，不预则废"。

- 你预料出现什么没用的想法（例如，不做的理由、严格的规则、严厉的自我评判）？
- 你预料出现什么不愉快的感觉（例如，焦虑、愤怒、羞耻）？
- 你需要应用哪些脱钩技能？（感谢头脑、为故事命名、抛锚、在冲动上冲浪、友善之手？）

显然，如果脱钩能力很弱，我们就需要加强练习。最棒之处在于，我们越能熟练掌握脱钩技巧，实际需要处理的不适感就越少。如果看清"你会失败"的想法不过是文字，我们不用"服从模式"来回应想法和感觉，麻烦就会大大减少。而且，每当我们关掉搏斗开关，我们的感觉就会变得更容易忍受，因为它们没有被放大。

 在即将开始一直拖延的任务时，我的脑海中会出现没有帮助的想法，例如，"以后再说，先等等看。我没有精力和心情，我很讨厌做这件事，太无聊了。推迟一天也无妨"。同时，还会出现困难的感觉，例如焦虑、胃里翻腾，还会出现想做其他事情的冲动（比如吃零食、冲咖啡、上网或查看电子邮件）。
我可以通过抛锚从这些想法和感觉中脱钩，为它们创造空间。

问题 5：何人何事能够提供帮助

很多事情都能帮助我们发展新的行为模式，这些模式包括：向他人寻求支持和鼓励、建立奖励系统、重建物理环境，等等。下一章将探讨这些策略和相关内容。目前，我想先强调两种非常有用的策略：小处着手和友善的自我对话。我们逐一看看。

小处着手

你第一次去健身房时不会直接拿起最重的哑铃，而是会从较轻的哑铃开始，逐渐锻炼肌肉。同样的原则也适用于培育一切新行为。你需要从更微小的、挑战不大的目标开始，随着时间的推移逐渐提高难度。什么是你能接受的最小难度的挑战？你能做些什么现实可行的小事？你做些什么能够让你迈出舒适区一小步？你不需要一次就有巨大的飞跃。

碰巧，你在这里需要用到一条最棒的黄金法则，这也是针对拖延症的策略。那就是，不要一口吃成个胖子！针对全部任务和项目，你需要的是设定完成任务的短时目标，完成后就可以休息。（如果愿意，你可以继续做。）

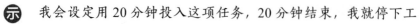 我会设定用 20 分钟投入这项任务，20 分钟结束，我就停下工作。（如果我想继续，当然也可以。）

友善的自我对话

你可以对自己说一些友善和鼓励的话语，这样做常常能够奇迹般地增强培育新行为的动机。例如，对自己说："我可以做到。只需要坚持20 分钟，时间一到我就休息，如果愿意也可以继续。我知道我一旦开始做事就能坚持，即便没能坚持，我至少也做了 20 分钟。这是一个很棒的开始，很好的起点。我愿意为我的不适感创造空间，以便投入做一些重要的事。"

开始行动

如果你完成了上述步骤，是时候采取行动了。（如果在行动过程中遇到 HARD 阻碍，你知道该怎么办，如果忘记，可以参考第 24 章。）但请记住，你不是必须这么做，还是要根据个人需要。你可以选择根据自身价值去行动，按照理想自我去表现。因此，当你开始行动时，请投入其中、专心致志，同时为出现的一切想法和感觉创造空间。

简言之，活在当下，保持开放，为所当为！

The
Happiness
Trap

第 27 章　循序渐进

哲学家阿尔弗雷德·索萨（Alfred Souza）写道："一直以来，我都觉得生活即将开始——真实的生活。但是，沿途总有一些障碍，首先要完成一些未完成的事情，还要准备好一些时间，还要偿还一些债务，然后才能开始生活。我最终意识到，这些障碍本身就是我的生活。"

他的话语切中要害。生活中充满了阻碍，每当遇到障碍，我们可以说"是"，为我们的想法和感觉创造空间，同时投入做重要的事；或者，我们可以说"不"，然后选择撤退。如果我们反复说"不"，我们的生活就开始停滞或萎缩。如果我们不断说"是"，我们的生活之路就越走越宽。即使我们不想说"是"，也仍然可以那么做。每一次，如果我们选择说"是"，就能收获个人成长。

随着时间的推移，对我们的阻碍说"是"逐渐变得更加容易，习惯成自然。这么做会让我们收获很多的经验，积累深厚的力量。每当事情变得艰难，我们都能从中汲取力量。我们正在谈论的是"意愿"的品质，为了更好地理解这个概念，请看看下面这个故事。

失落的城市：奥巴古城

假设你是一位勇敢的探险家，在丛林中徒步搜寻奥巴古城。突然之间，你遇到了一个巨大而恶臭的沼泽，里面充满水蛭。这是通往古城废墟的唯一选择，你必须徒步穿过被蚊虫占据的淤泥。要么过去，或者回去，别无选择。你选择哪一种？

如果你选择继续前进，肯定不是因为你喜欢穿过齐腰深的、冰冷刺骨的、恶臭的沼泽，也不是因为你情愿忍受随时被水蛭和蚊子吸血叮咬的痛苦，而是因为探索那处古老的遗迹对你来说真的很重要。你愿意承受那种不适感，不是因为你喜欢、渴望或是享受它，而是因为唯有承受它，你才能做一些重要和有意义的事。

苏拉听懂了这个故事的内涵。为了觅得如意郎君，她开始和通过婚恋网站认识的男士约会。她愿意为脆弱、不安全感和焦虑感创造空间，愿意为"我在浪费时间""我只会碰到怪人和失败者""就算遇到好人，他们也不会喜欢我"之类的想法创造空间。她愿意带着这些不适感，以便能够继续约会，期待遇到一些真正的好男人。

米歇尔也是类似的情况，为了花更多时间陪伴家人，她愿意为自信说"不"导致的焦虑感创造空间，而不再一味取悦他人。同样，唐娜为了重建生活、戒掉酒瘾，愿意为悲伤的情绪创造空间，练习自我关怀，不再用喝酒驱赶痛苦。

同样地，还有富有的商业律师柯克。当柯克真正联结他的价值，他感觉到律师工作对他没什么意义。他选择当律师主要是为了地位和金钱，并且赢得父母的认可（他们都是成功的律师）。他真正想做的是支持和照顾他人，特别是帮助人们成长、学习和发展。最终，他决定重新受训成为一位心理学家。为了实现目标，他自愿为随之出现的很多不适感创造空间，包括失去收入、额外接受多年的训练、父母的反对、自我怀疑引发的焦虑、"那些年都浪费了"之类的想法，等等。我上次见到柯克时，他已经完成学业并成为一位心理学家，他很热爱自己的职业。但是，假如他当初不愿意为所有的不适感创造空间，他就无法让梦想照进现实。

个人成长

如果我们希望获得个人成长，就需要保持开放，投入做重要的事情。截至目前，我们只谈到如何在一个生活领域设定短期目标，因为这是最佳的行动方式。但是，随着时间的推移，我们就需要在各个重要的生活领域设定中期目标和长期目标。现在就开始。

中期目标

请你选择一个生活领域，联结你想要践行的 2 ～ 3 个价值，询问自己："在接下来的数周或数月里，我能设定什么符合这些价值的相对更大的挑战？"

和之前一样，中期目标也需要具体可行。例如，如果你在当前生活领域选择的是健康和自我照料的价值，那就可以制订这样的中期目标："每周用 3 个晚上按照健康烹饪手册提供的配方做晚餐"或"每天在午餐时段步行 20 分钟"。

长期目标

你可以就上述这个领域和价值询问自己："我可以为未来几年设定哪些重大挑战？"你完全可以大胆设想并制订宏伟的计划。你希望在接下来的一年、两年、三年、四年、五年内取得什么成就？长期目标可能包括：职业转型、找到伴侣、生孩子、买房子、学习乐器或环游世界，等等，尽情梦想吧！

如果你对此感到茫然——你的头脑说"我不知道",请放心,这非常普遍,也不成问题,前提是你能坚持落实短期目标和中期目标。随着时间的推移,你将不断成长,生活之路会越走越宽,迟早会和这些长期目标相遇。你也可能一直都找不到长期目标,其实也不是非找到不可,你可以始终践行价值,成就理想自我,这就已经是在最充分地利用当下的生活。

其他生活领域

我们在一个特定的生活领域取得进展之后,就可以切换到另一个领域。

做到这一点并没有所谓正确或错误的方法,也没有什么章法可循。每个人都需要切身实验,找到最适合自己的方法。有些人每周都会转换不同的价值领域,有些人每个月转换一次,也有些人选择在只有实现特定目标之后才转换,还有些人发现他们能够兼顾多个领域,但对大多数人来说,一次关注两个以上的领域可能会感到不堪重负。

因此,你需要自我觉察,这很重要。如果感觉不堪重负、沉重疲惫、用力过度,就表明你的做法超过了自己的极限,你想做得太多或是太快(或是太完美)。因此,你需要降低目标的难度:目标需要现实可行,同时能够提高生活质量。假如你感觉被目标耗尽精力,很可能是因为你又落入了目标导向的生活陷阱(见第 22 章)。

此外,还要小心一个常见的思维陷阱:"我要如何生活?"你是不是也被这个想法钩住过?我肯定是的,而且我告诉你,这个想法本身就是一个痛苦配方,你越是被它钩住,越会对目前的生活感到不满。问题在于,这个问题过于宏大,几乎无人能够回答(少数人能够回答,他们通常都受到伟大的召唤,知道自己要如何度过一生,他们的人生蓝图往往涉及政治、宗教或是拯救世界)。

但对我们大多数人来说,这个问题没有用处,它过于宏大,给人太大压力。更有用的问题是:在目前这个生活领域,我为了价值想要做些什么……

接下来的几个小时？

接下来的几天？

接下来的几周？

接下来的几个月？

在回答了这些问题之后，你就可以选择另一个领域，询问自己同样的问题，以此类推。我相信你会发现这些问题有助于你过上更充实的生活，相比弄清楚"我要如何生活"这个问题会更有用。

现在，在本章的后半部分，我们来看另一个非常重要的主题。

如何保持新行为

保持新的行为模式很困难，但有成百上千种心理学工具帮助我们应对这种挑战——我们可以将所有方法总结归纳为"7R"策略：提醒（Reminder）、记录（Records）、奖励（Rewards）、常规（Routines）、关系（Relationships）、反思（Reflecting）和重组环境（Restructuring the environment）。我们逐一来看看。

提醒

我们可以创建各种简单的工具来提醒自己希望坚持的新行为。例如，可以在电脑或智能手机上创建一个弹出窗口或屏保程序，显示重要的单词、短语或符号，提醒我们正念生活或是使用某种特定的价值。

我们也可以用以前最喜欢的方法，在卡片上写一条信息，然后贴在冰箱上、浴室镜子上或是汽车仪表盘上，以示提醒。

我们还可以在日记、日历或智能手机的"笔记"小程序中写一些东西。可以就是一两个词语，比如"抛锚"、"保持友善"、诸如 ACE 这样的首字母缩写，或是"活在当下，保持开放，为所当为"等短语。

我们还可以在手表表带、智能手机背面或电脑键盘上粘一张色彩鲜艳的贴纸，每当我们使用这些设备，贴纸就会提醒我们保持新行为。

记录

我们可以记录一整天的行为，记录我们在何时何地出现新行为以及这么做的好处，记录我们在何时何地出现旧行为以及相应的代价。可以使用日记或笔记本的方式——写在纸上或记录在电脑屏幕上——都能实现目的。

奖励

每当我们采取新的行为模式，比如遵循价值的行为，都希望这么做本身就有回报。但我们还是能用额外的奖励来强化新行为。

比如，我们可以采用友善和鼓励的自我对话（对自己说，"干得不错，你做到了"）作为奖励，也可以和爱你并且会积极回应你的人们分享你取得的成功和进展。

或者，你可能更喜欢获得物质奖励。例如，如果你保持这种新行为整整一周，你可以送自己一些礼物，或是允许自己做一些真正喜欢的事（例如，做个按摩或买一本书）。

常规

如果你每天清晨都在同一时间跑步、做瑜伽或是冥想，随着时间的推移，这种新的行为模式就会习惯成自然，你不必费力思考就能坚持下去，也不需要用多少"意志力"，这些行为将融入你的日常生活。因此，你要做的实验是：无论选择什么新行为，看看你能否将它变成常规动作，成为日常生活的例行环节。例如，如果你是开车下班回家，就可以考虑每晚在下车前练习两分钟抛锚，在进房门时反思你要践行的价值。

关系

拥有一位"学习伙伴"会让学习变得更加容易，拥有一个"锻炼伙伴"会让锻炼变得更加轻松。在戒酒匿名会（Alcoholics Anonymous）中，进入艰难的阶段时，团体将会帮助成员寻找赞助商支持他保持戒酒行为。

那么，你能找到一位善良的、有爱心的、能鼓励他人的人帮助和支持你保持新行为吗？（他可能是一位治疗师、顾问或教练。）或许你能定期联系这个人，然后告诉他你的进展如何，就像在上述"记录"的步骤中提到的那样。

你还可以给支持你的人发送电邮，写下关于你坚持新行为的记录；或是让他人来提醒你保持新行为，如果那么做对你有帮助的话。例如，你可以和伴侣说："你在看到我忧心忡忡时能提醒我抛锚吗？"

反思

经常花时间反思自己的行为，以及这些行为对生活的影响。你可以写下来（记录）你的反思，或是和另一个人讨论（关系）。

你还可以将反思作为一天中的脑力锻炼，安排在睡觉前或是早上醒来时。你只需花点时间思考下列问题：

"我的进展如何？"

"我的什么行为是有效的？"

"我的什么行为是无效的？"

"我需要多做什么，少做什么，再做时会有什么不同？"

在反思自己回到旧有的行为模式时，尤其需要注意是什么因素触发了旧有行为的反复并让你陷入挫折，注意到旧行为让你付出的代价。（例如，你是不是感觉很痛苦？）每当发生这种情况，不需要自我打击！这是在提示你需要满怀慈悲地反思陷入旧有行为模式将会让你真正付出哪些健康和幸福方面的代价。这时，你可以觉察旧习惯引发的痛苦，利用这点激励自己回到正轨。

重组环境

我们经常可以重新组织我们的环境，这会让新行为变得更加容易，也更容易坚持下去。例如，如果新行为是"健康饮食"，我们就可以重新布置厨房，让环境更有利于实现"健康饮食"：扔掉或是藏起垃圾食品，在冰箱和食品柜里装上健康的食物。

如果我们想在清晨去健身房，就可以把运动装备装进健身包，放在床边或其他显眼的、便于拿到的地方，这样一来，我们一起床就准备就绪。（看到健身用品放在那里会很自然地提醒我们去健身。）

综上，你已经很清楚"7R"策略：提醒、记录、奖励、常规、关系、反思和重组环境。现在，请发挥你的创造力，将这些方法和你的情况相匹配，创造自己的一套专属工具，促成自己持久的行为改变。祝你好运！

The
Happiness
Trap

第 28 章　打破头脑的规则

　　有时，我们的头脑有点像个暴君，它制定了严格的规则，告诉我们："你必须服从命令！否则后果很严重！"我们每个人多少都会遵循这些"严格的规则"，却往往意识不到它们的存在。通常，我们可以通过以下词语识别这些严格的规则：应该、不得不、必须、应当、除非、不能……除非是、不会……除非是、因为……所以不应该、总是、从不、因为、永远、要这么做、不要那么做，等等。

　　以下是一些常见的例子：

　　我必须把事情做到完美，我不能犯错误。

　　我必须让别人快乐，我的需要并不重要。

　　我必须一直监督他人，我不能相信他们。

　　被这些严格的规则钩住时，我们的生活之路就会越走越窄。例如，第一条规则会让我们陷入"不健康的完美主义"的压力；第二条规则会让我们陷入"过度取悦他人"的压力；第三条规则会让我们养成不断监督他人的坏习惯，比如过度控制的父母和工作中"操碎了心的管理者"。

早在 20 世纪 40 年代，心理学家卡伦·霍妮（Karen Horney）就提到这是"'应该'的暴君"，在 20 世纪 60 年代，心理学家阿尔伯特·埃利斯（Albert Ellis）称这些规则是"'应该'的混乱"。让我们来看看如何摆脱这种暴政。

回报和代价

第 25 章探讨了"打破坏习惯"的技能，那些原则也很适合用来"打破规则"。因此，我们先来看看处在对"规则"的"服从模式"有什么回报和代价。

回报

米歇尔在服从"取悦他人"的规则时，就会在这条规则的驱使下主动关心和照顾他人，这能保护她免遭拒绝和敌意，获得赞许、爱意或感激，帮她回避冲动，也能支撑她富有爱心、善良、利他、付出的自我形象，还能帮她短暂地逃脱"我不可爱"的头脑故事。

你几乎能够遵循一切严格的规则——无论是基于父母的需求、宗教信仰的要求、所在文化的塑造、工作场所的要求，还是自我强加的完美标准——我们在服从这些严格的规则时都能得到类似的回报，能让我们短暂地回避或逃离不想要的想法和感觉，尤其是恐惧、焦虑、内疚、羞耻感和"不够好"的故事，也能帮助我们得到想要的东西或是实现渴望。

代价

服从严格的规则通常会让我们在长期内付出很大的代价，包括承受慢性压力、疲惫、倦怠、不满、紧张，导致亲近关系的冲突，让我们错失生活，感到沉重和卡住，生活中的快乐和满足感也会荡然无存。米歇尔女士就经历了这一切。而且，她越是用自己的生活取悦他人，就越会强化这种信念："我不重要，我的需要无足轻重"。随着时间的推移，她会更加害怕得不到他人的认可。为什么呢？因为只要我们回避自己害怕的事物，就永远没有机会学会面对和处理这些事。埃莉诺·罗斯福（Eleanor Roosevelt）对这个问题的总结很精彩："如果你不再只看到恐惧的表面，那么，一次次直面恐惧的经验将会让你赢得力量、勇气和自信。你能够对自己说，'我经历过这种恐怖，我能应付接下来的事，我接纳接下来发生的一切'。你必须做你认为做不到的事。"

显然，如果服从头脑规则不会让你付出很大的代价，那就没有问题。但是，如果服从头脑规则会对你的健康、幸福和快乐都造成损害，就请在往下读之前花一分钟深入了解这些代价。

更自由、充实的生活

我们不是只能过着被严格的规则约束的生活，还可以选择更自由充实的生活。你会发现，严格的规则之下总会蕴藏一些重要价值，而我们能以一种更自由的方式践行那些价值。

例如，在完美主义的背后，我们通常会发现高效、可靠、称职和负责等价值；在取悦他人的背后，我们往往能发现自我保护、给予、关心和帮助之类的价值。我们可以学习如何遵循这些价值生活，而不是将它们变成消耗生命的规则。我们可以学会灵活地按照价值行动，选择一种能够提高我们的福祉并且在长期内提升生活质量的方式。

如果我们可以这么做，就依然能够获得在服从严格的规则时得到的诸多好处，同时还不需要付出所有那些代价。是的，我们会失去一些回报，尤其是不能再暂时回避焦虑和其他不适，但我们却能换来一种更自由和更满意的生活。

　　现在，暂停片刻，注意你出现的想法和感觉。是焦虑？怀疑？是头脑在抗议？是你的心在抗议？"找理由机器"是不是开动了？还是说，你感觉很兴奋、好奇，很愿意接受新事物？无论你有什么反应，注意它，命名它，允许它，继续往下读。

　　好消息就是，我们都能改变那些严格的规则，或是不再服从它们，从而过上一种更美好、自由和愉快的生活——前提是我们愿意为难以避免的不适想法和感觉创造空间，比如恐惧、焦虑、内疚、自我批判、不断找理由，等等。换言之，我们需要使用所有的脱钩技能！

选择趋向行动

　　如果我们不想服从这些严格的规则，就需要考虑我们能用什么样的趋向行动取而代之？如何用一种自由的、提升健康幸福的方式将我们的价值（埋藏在规则背后的价值）融入生活？如图 28-1 所示：

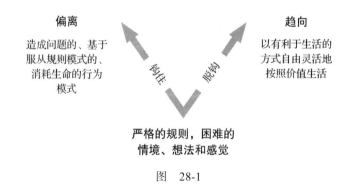

图　28-1

　　例如，完美主义的规则会诱导你设定不切实际的目标：试图做得太多、太快和太完美。而更好的趋向行动是设置现实的、价值导向的目标，就像第 22 章提到的。这需要你使用脱钩技能。在设定新目标前，你需要关闭"自动导航模式"，让自己活在当下。（处于自动导航模式时，你就会自动服从头脑的严格规则，甚至浑然不觉。）然后，你需要暂停几秒，抛锚，或是做一次缓慢而轻柔的呼吸，如有必要，驯服焦虑的感觉或是在设置完美目标的冲动上冲浪。完成脱钩之后，你就可以设定一个现实的、灵活的、提升生活质量的目标。

　　同时，像往常一样，你需要小处着手，先从不那么困难的挑战开始，逐渐设定更难的目标。例如，卡尔的完美主义行为是每次写邮件至少要重写四五次，直到满意为止，用 5 分钟就能完成的任务变成了长达半小时的自我折磨。这里的问题是，卡尔一直都很擅长写电子邮件，有时他必须迅速发送邮件，因为已经到了最后期限，没时间重写。他那么做的结果都挺好，他的邮件总是重点突出、切合实际，能够有效地传达信息。他之所以反复重写，就是为了让自己别再那么焦虑，除此之外别无意义。看清这种情况之后，卡尔设定的第一个目标是"接下来每次最多重写一遍邮件"。

　　卡尔还开始设定完成任务的时间。如果他很清楚用 30 秒就能相当好地完成任务（而他的偏离行动是反复地做，力争完美，把任务完成时间延长到 2 小时），那他就可以设置目标"我就用 30 秒做这件事"，还可以设置目标"我准备把这件事做到我能力极限的 80%"。

　　（显然，如果你也决定用这种策略，还望谨慎。如果一位外科医生是完美主义者，他不会在做手术时只发挥 80% 的才能。不过，这个策略适合指导医院管理部门的工作人员书写邮件。）

　　每一次，当卡尔"不那么完美"地完成任务时，他都深感焦虑。但是，他会为这种不适感创造空间，以便能做真正重要的事。他很清楚无法消除"必须做到完美"的想法（大脑没有删除键），但他能学习如何注意和命名这种想法，感谢头脑，就当这种声音是背景中播放的收音机。他还会对自己说一些友善的话语："足够好就挺好""无须完美""每个人都会犯错，我也只是个普通人"。

　　随着时间的推移，他发现工作不完美时天也不会塌下来，反而，他能够提高效率，减少拖延，完成更多工作。当他不再持续追求完美的结果时，他感觉工作会更加令人愉快。

学习新技能

有时，为了打破严格的规则，我们需要学习新的技能。米歇尔的例子很典型。她希望腾出时间照顾自己，而不是总忙着助人为乐。这意味着她需要开始拒绝他人的请求和要求，开始尊重自己的需要和权利。她需要学习自信的技能。

"自信"是以一种坚定而公平、冷静和尊重的方式维护自己的权利、渴望和需要的能力。我们都有权拒绝他人的不合理要求，争取我们想要的东西，关键在于主张权利的方式。"自信"是一种公平、冷静和尊重的行为表现，和"攻击性"的行为完全不同。"攻击性"是以一种否定或践踏他人权利的方式提出自己的要求（或是拒绝不想要的东西）。我们在很有攻击性时就像是一把撞击城门的铁锤，将门砸得粉碎，破门而入取我所需，这其中缺乏自信所能体现的公平、冷静和尊重。

自信与"被动"也截然不同。我们在被动时就好像可怜的"门垫"，任人踩踏，似乎自己的权利、渴望和需要都不重要，要优先考虑别人的需求。米歇尔的默认设置就是"被动"。因此，她想要努力学习果断说"不"，她为此使用了三个有用的策略：练习、暂停和小处着手，这些策略也能帮助你将新行为融入日常生活。

练习

学习所有新技能的关键都是练习。所以米歇尔会一个人在卧室镜子前练习自信地拒绝他人的请求，练习说，"我想说不行，因为我还有其他重要的事情""谢谢你的提议，但我这次不同意""你希望我帮忙，我感到很荣幸，但我得拒绝，因为手头的事情太多""我很想帮忙，但真不巧，我还有更重要的事情要做"。

尤其是针对工作场合来自经理的要求，米歇尔开始练习说："我很想帮忙，但我有很多事情要做，我们可以讨论目前最要紧的事，你希望我先放下哪些事？"（预演拒绝的场景时，你还需要设计在何时何地应用新技能和策略。例如，如果米歇尔是在经过饮水机时和经理说这些话，可能无效，实际上，她专门约了经理的时间来谈这个问题。）

米歇尔还练习说："我稍后回复你。"这是一个特别有用的自信短语，能够为自己争取时间。你可以这么说，"我需要和别人核实""我要看看日程安排""我手头的事情很多，我看看是否可行"。然后，你就可以花上所需的时间做出合适的选择。如果你真的选择说"不"，可以优先考虑发送短信、发送邮件或是打电话，这往往比当面拒绝更容易。

暂停

每当你感到有一种服从严格规则的冲动时，就可以暂停，这将会创造奇迹。你可以练习 5 秒抛锚：缓慢、温和地呼吸，双脚踩实在地板上，伸直你的后背，这样做几秒钟就足以令你打破自己的"默认设置"。

每当人们让米歇尔做点什么事情时，她就会缓慢、温和地呼吸，等待 3 ～ 4 秒再答复，就是这样的短暂停顿为她提供了足够的时间，让她回想起她一直在练习的自信表达方式。

小处着手

在尝试这些新技能时，我们需要"小处着手"，逐渐提升能力。于是，米歇尔先从不太困难的情境中练习自信地拒绝他人要求，比如有人给她打电话要求她完成一项调查，或者售货员说"如果你买 3 件，第 3 件免费"，再比如她女儿吃晚饭前说"我能不能吃点巧克力"。随着时间的推移，她再逐渐练习在难度更大的情境中拒绝他人请求。

数月之后，米歇尔逐渐发展出"自信肌肉"，拒绝了许多将她的帮助视为理所应当的人的请求（要求）。每一次拒绝，她都强烈地感到焦虑，但她可以友善地对自己说，"我有权利说不"。然后，她就为焦虑创造空间，以便能够投入做"重要的事"。

当米歇尔说"不"时，有些人觉得没问题，也有些人不会让她有好日子过。他们开始十分警觉，大谈特谈自己多"失望"，还想尽办法操纵她，让她改变主意。有时她屈服了，继续违心地答应他人的要求，但是大多数时候，她都能坚持自信表达——每当这么做时，她就感到胜利了！

就这么一点一点来，米歇尔抛下很多额外的义务，为自己赢得了很多时间，于是，她能更多投入真正想做的事。一路走来，她和两个"有毒的朋友"断绝了来往，因为他们不能接受"不"的答案。这在短期内令她感到强烈的焦虑，但时间一长她就发现，没有这两个人，她的生活比之前美好得多！

当然，自信的表达并不局限于拒绝不合理的要求，它还包括提出请求和争取你想要的东西——平静地、公正地、尊重地为自己争取利益。对米歇尔来说，这比说"不"更难，即便想想都会激发她头脑里的暴君："你的需求不重要。"于是，米歇尔的下一个目标就是报名参加提升自信技能的在线课程。（如果你想知道更多关于自信和其他建立健康关系的技能，不妨看看我写的关于关系的书《爱的陷阱》(ACT with love)。）

随着时间的推移，米歇尔用一种有意义的方式重塑了她的生活。她还是会帮助、爱和支持他人，但她现在是按照自己的规则来做（而不再一概服从头脑里的严格规则）。当她开始按照自己的方式，从头脑的规则和自我评判中脱钩，为焦虑创造空间，练习自我关怀，她的生活获得了全面的改善。她的焦虑减轻，抑郁消失，压力水平降低，生活变得更加充实。

当我们把规则强加于人

我们上面关注的是自我强加的规则（"我应该"），而如果我们将自己的规则强加给别人（"他/她/他们/你们/我们应该"）同样会造成问题。每当我们被他人"应该做或不应该做"的规则钩住，就会引发关系的冲突和对立。为什么？因为当别人不服从我们的规则时，我们就会生气、受伤、焦虑或失望。因此，如果你和你爱的人或是工作伙伴之间发生冲突和对立，请考虑：我把自己的什么规则强加给了对方？如果严格遵守这些规则，是否有助于建立我想要的关系？

接下来，返回你的价值。你希望在这个关系中如何表现？你想要如何对待关系中的人？你如何做到自信，而不是被动或攻击，能够在你不想的时候以一种平静、公平和尊重的方式说"不"，并且提出你的需要？

每一种价值都是一条双向通道，它描述了我们希望如何待己待人。因此，如果你过于关注自己，就需要反思你希望如何待人；如果你过于关注他人，就需要考虑你希望如何待己。不存在现成套路，你需要亲自实践，探索有效的方式。但花时间去探索是很值得的，因为一切关系都不可避免地经历跌宕起伏。

第 29 章　跌宕起伏

无论你学走路的过程多顺利，都难免会跌倒。你有时能立刻站稳，有时就会摔倒，严重时还会摔得鼻青脸肿。其实，从你第一次迈开腿那天起，你摔倒过成百上千次，但你从未因此放弃走路！你总是爬起来，吸取教训，继续前行。这正是我们在 ACT 中使用"承诺"（commitment）一词的含义。

"承诺"并不是主张做到完美、坚持到底或不走弯路，而是说在难免跌倒或偏离轨道时能够站起来，明确方向，继续朝向价值迈进。

苏格兰英雄罗伯特·布鲁斯（Robert the Bruce）的伟大传说是个极佳例证。这个真实故事发生在 700 多年前，当时的苏格兰人民生活在英国国王的残暴统治之下。公元 1306 年，罗伯特·布鲁斯加冕成为苏格兰的新国王，他立志解放祖国。很快，他就集结了一支军队，和英军在梅斯文浴血奋战，不幸因敌众我寡和武器悬殊而惨败。

罗伯特·布鲁斯死里逃生，藏身在一个寒冷潮湿的山洞，因失血过多奄奄一息，他完全丧失了斗志，感到万分羞惭和绝望，想着逃离祖国再不折返。

但是，他躺在山洞里抬头看时，发现一只蜘蛛正努力地在洞壁一处缝隙上织网。这个任务很艰难，蜘蛛得先吐出一根蜘蛛丝，从缝隙这边拉到另一边，然后再一次次吐丝，来来回回地织网。可是，每隔几分钟就有一股强风吹来，蛛网会被吹破，蜘蛛也被吹得颤颤巍巍地直打转。

但是，这只蜘蛛始终不曾放弃，只要风力减弱，它就再次爬到缝隙旁，从头开始吐丝。强风一次次将蛛网吹得支离破碎，蜘蛛一次次重新开始织网。最终，风力减弱了一段时间，蜘蛛能够为蛛网织就一个坚实的基础，足够抵御再次来袭的强风。最终，蜘蛛不辱使命，完成了这项工作。

罗伯特·布鲁斯深深为这只蜘蛛的顽强所震撼。他心想："倘若连这个小生灵都能在各种挫折中顽强坚持，那我一定也行！"于是，这只蜘蛛成了他自我激励的象征，也给了他灵感说出那句名言："一次不成，就再试试！"养好伤后，他再次召集一支军队，展开了为期八年的对英斗争，终于在1314年的班诺克本战役中打败敌军。在这次战斗中，他的士兵以一当十！

罗伯特·布鲁斯肯定不能预知自己最终能否成功，他只是很清楚一点：对他而言，自由至上！只要是为自由而战，就是在践行自己珍视的生活。（为此，他愿意为沿途的一切艰难创造空间。）

这就是"承诺"的特点：即使永远无法预知能否实现目标，还是可以竭尽所能朝着有意义的方向迈进。未来无法控制，此刻唯有前行，沿途学习成长，迷失速回正轨！

重新定义成功

罗伯特·布鲁斯这类的励志故事存在一定的风险，举凡艺术家、医生、运动员、商人、摇滚明星、政治家或是警官，我们似乎都将"成功人士"定义为实现目标的人。这个定义很有局限性，将其奉为圭臬就可能令我们陷入引发自我破坏的目标导向的生活：我们会长期深感受挫和匮乏，偶尔实现目标时才会有稍纵即逝的满足感。

因此，我邀请你重新思考成功的定义：遵循价值而生活就是成功！

根据这个定义，你现在就能成功，而无论你是否已经实现了你的重要目标。每当你遵循价值去行动，当下就能心满意足。你不再需要他人的认可，不用别人告诉你"你做到了"或是承认"你做得对"。你很清楚自己在遵循价值而行动，这就足矣。

苏拉、唐娜和本书中提到的其他人都不是电影里的英雄人物。他们没有惊人的壮举，也没有排除万难取得伟大的胜利。但是，他们在联结内心并令生活发生积极转变这方面都非常成功！（这再次表明，遵循价值生活不是让你放弃目标，而是鼓励你改变关注焦点，从而在此时此刻就享受生活，而不是只盯着还没得到的东西。）

还需强调的是，我在书中提到的每一位来访者都经常"偏离轨道"，他们会和价值失去联结，陷入没用的想法，和痛苦的感觉搏斗，开始自我破坏式的行动，但重点在于，他们最终都能重返正轨。

以唐娜为例，她用近一年时间才从酗酒中康复，绝大多数时候，她都能做到几个星期滴酒不沾，但也总有些事情诱使她故态复萌。比如，丈夫和女儿车祸一周年、葬礼一周年、家人去世后的第一个圣诞节，类似这种日子就会勾起她很多回忆和痛苦的感觉，然后她就很想喝酒。有时，她会"忘记"在心理治疗中学到的技能，转而求助酒精来回避强烈的痛苦。

但是，随着时间的推移，她越来越能管住自己。第一次故态复萌是在女儿生日那天，她接下来的整整一周都喝得烂醉如泥；第二次发作仅仅持续了三天；而第三次只有一天。

很快，唐娜就领悟到，当她搞砸或不能坚持时，自我打击是没用的。愧疚和自责无法真正激励她做出有意义的转变，只会令她困在往日痛苦中不能自拔。于是，每次酒瘾复发后，唐娜都选择重新回到 ACT 基本程式：

活在当下，

保持开放，

为所当为。

她是如何实际操作的？首先，一旦发现自己偏离轨道，就有意识地承认这一点，让自己全然活在当下，觉察此刻发生的事。同时，承认偏离轨道的既成事实无法改变，反思过去，考虑下一次能做些什么不同的事，这样做可能是有用的，而一味耽溺过往并苛责自己的不完美显然毫无意义。我们需要承认自己偏离轨道，友善地自我抱持，从"不够好"的故事中脱钩。每当落入偏离行动，必然会有痛苦的想法和感觉，这时要保持开放，为痛苦的想法和感觉创造空间。练习"友善之手"和"友善的自我对话"，怀着极大的善意理解和提示自己："往事如是，过去已逝，无从改变，我和所有人一样，我不完美，有时会把事情搞砸。"

然后，重点考虑："现在，我想做什么？相比陷入往事或是自我打击，此时此刻，我能做什么重要和有用的事？"

接下来，投身价值行动！

尝试，再尝试

"一次不成，就再试试！"罗伯特·布鲁斯的座右铭充满力量，但他只说对了一半，另一半是：我们必须评估做法是否有效。因此，更恰当的说法是："一次不成，就再试试；若还不成，换种方法。"

但是，也要格外小心一条不那么明显的界限。我们在面临重大挑战时，头脑经常会出现"这太难了"的故事，告诉你"你做不到，快放弃吧"，"找理由机器"还会为你打印出一份包含 20 项劝退理由的清单。于是，我们自然受到诱惑，很想放弃，改弦易辙，但这时真正需要的往往是继续坚持。

这种情况下，我们就需要练习"集中注意力和反复集中注意力"以及"活在当下"的技能。我们可以把全部注意力投入正在做的事，留意这么做的影响，然后就能有最大的把握回答这个问题："为实现目标，我是继续坚持这么做，还是换一种做法？"根据答案，我们承诺做出改变或是继续坚持。

乐观的态度

上一章提到苏拉女士在某婚介机构注册，开始和各种男士约会。起初，她感到尴尬、窘迫和紧张，头脑反复说她是一个"失败者"，去见的那些男人也都是"失败者"。尽管头脑给她讲这些没用的故事，她还是继续行动，逐渐适应了约会过程。

她的确经历了一些很糟糕的约会，那些男人很烦人、傲慢、大男子主义、自负，一言以蔽之就是令人生厌。但同时，也有一些约会对象十分风趣幽默、聪明迷人、开朗大方和富有魅力。约会基本就是碰运气。有一回，她和一位男士交往了七个星期，疯狂坠入爱河，最后发现对方一直在骗她。她当然崩溃了，有好一阵子偏离轨道，大约一个多月陷入旧模式：闭门不出，不见朋友，惆怅独悲，吃一大桶冰激凌让自己"振作起来"。但是，苏拉最终意识到自己在做什么，然后就再次开启 ACT 基本程式：活在当下，保持开放，为所当为。

首先，她为孤独悲伤的感觉创造空间，同时善待自己。然后，她再次将注意力投入此时此地的生活，联结爱和关心的个人价值。她发现尽管还没能实现长期目标（与亲密伴侣培育充满爱的有意义的关系），但她现在就能在和亲朋好友的关系（以及和自己的关系）中于细微之处践行爱和关心的价值。于是，她选择继续和所爱的人们共度美好时光，同时继续和男士约会。

不久，苏拉又和一位男士恋爱了，约会七个月还是没能修成正果。分手是因为她想订婚，而对方还没准备好安顿下来。我真的很不想令你失望，但苏拉的故事确实还没有童话般的结局。我最近一次见她，她还在约会，同时也在投入其他充满爱和有意义的人际关系——和家人、朋友、自己。尽管她还是很渴望拥有一位如意郎君，但她现在选择的生活方式足以令她感到心满意足。

而且，她还发展出了一份和异性约会的幽默感，逐渐将相亲视为结识新人、探索很棒的社交场所和深入了解男人的好机会！她会利用约会尝试一些新的活动，比如打迷你高尔夫球、学习骑马等。于是，她将约会变成了在价值引导下的活动，从中收获成长，而不再把约会看成为回避孤独被迫为之的痛苦体验。

每个人都会在生活中遇到各式各样的阻碍、困难和挑战，每一次我们都面临选择：是将境遇视为一种成长、学习和发展的机遇，还是选择和境遇对抗、搏斗或是竭力回避问题？工作压力、身体疾患、关系破裂，这一切都能充当个人成长的机会，都能帮助我们发展崭新的、更好的技能来解决生活的难题。

ACT 本质上是一种乐观的方法，它不是教导你识别和挑战悲观的想法，然后用乐观的想法取而代之，而是邀请你直接对生活保持乐观的态度。ACT 假设，无论遇到什么难题，你都可能从中学习和成长；无论处境多么悲惨，你都能遵循价值而行动并有所满足；无论偏离轨道多少次，你都能再次折返并重新启程。

选择成长

本书的核心主旨是：痛苦是生活的标配。我们迟早都会经历身体痛苦、情绪痛苦和心理痛苦。但是，每种痛苦的生活情境都蕴含着成长的机遇。前文提到的洛克茜，那位 32 岁确诊多发性硬化症的律师，在生病之前，她生活的全部重心就是工作，事业成功是她唯一的追求，她的确干得很出色，被律师事务所提拔为初级合伙人，薪水也很高。但是，她每周平均工作 80 小时，每天都以外卖果腹，很少锻炼身体，总是"太累"以致无暇陪伴亲友。她的恋爱关系都很短暂肤浅，因为她根本无法投入更多的时间精力，她也很少花时间放松和娱乐。

确诊后，重度残疾和过早死亡的风险唤醒了洛克茜，她终于意识到生活中有比工作赚钱更重要的事，每个人在这个星球上的时间都很有限。于是，她开始联结内心深处真正珍视的价值，缩减工作时间，更多地陪伴亲朋好友，也开始通过游泳、瑜伽和合理膳食来维护健康。

她在工作场所也转变了和同事的相处之道。她以前总是迫不及待想要出类拔萃，常常忽视职场中的一些社交细节，给同事们留下封闭和冷漠的印象。现在，她开始用新的方式对待同事，对别人的业余生活表现出更多的关心和兴趣，也会敞开心扉和大家分享个人生活。当她待人更热情时，同事们也都投桃报李，她开始在工作中收获真正的友谊。

借由和困难中蕴含的机遇相拥而舞，洛克茜让自己的人生变得更加多姿多彩和充满意义。她当然宁愿自己没生这场病，但既然这一点说了不算，那不如选择从这场重病中成长和蜕变。

类似的故事俯拾皆是。我见过很多人在被诊断罹患重病（癌症、心脏病、中风等）之后，开始彻底审视自己的生活。但我们不是必须等到濒临死亡才开启审视，而是随时都能做出富有意义的转变。因此，每当你在生活中遇到困难时（这是常事），不妨养成自我询问的习惯："我如何看待这个困难才能让我遵循价值而生活"或"我如何看待这件事情才能助力我更加有效地行动"。你越是这么做，生活就越是有意义。

The
Happiness
Trap

第 30 章　勇敢的冒险

你应该听说过海伦·凯勒（Helen Keller）的故事。她于 1880 年出生在美国的亚拉巴马州，只有 19 个月大时就患上了一种可怕的疾病（很可能是脑膜炎），导致失明失聪。尽管如此，她还是克服重重困难，掌握了阅读和写作能力，成为一位多产的作家，同时也是一位伟大的社会变革推动者。她有一句名言："生活要么是一场勇敢的冒险，要么就什么都不是。"

所以，你想选择哪一种生活？如果我们将生活视为一场勇敢的冒险——迈出舒适区，在价值引导下深入未知的领地，未来不明朗，结果也未必如愿——这就需要我们为沿途必将出现的不适感创造空间。在最后一章，我们将回顾所学，帮助我们投身这场大型的冒险之旅。

活在当下、保持开放、为所当为

我想再次强调 ACT 三原则，再一次祝福你：

　　活在当下： 专注于重要的事，投入正在做的事。

　　保持开放： 从想法和感觉中脱钩，允许它们如其所是，自由地流经你。

　　为所当为： 在价值引导下投入有效行动。

　　活在当下、保持开放、为所当为，描述这种能力的专业术语是"心理灵活性"。我提到过有超过 3000 项 ACT 研究的结论是一致的，这一点令人印象深刻：人们的生活质量和心理灵活性水平成正比。但是，请你不要轻信结论，而是信任体验。如果 ACT 原则对你适用，有助于你过上丰富充实的生活，请充分遵循它们去生活。

　　同时，请将这种做法视为个人选择，你不是必须遵循 ACT 原则，这里不涉及义务，也没有好坏对错。奉行 ACT 原则不表示你是"好人"或是很优越；忽略 ACT 原则也不代表你是"坏人"或是很差劲。如果你总是想着必须坚守这些原则，就又成了"服从"严格的规则，这给人一种强制感，好像你在被迫和违心地做事，这会消耗你的生命，无法给你滋养。

　　如何生活纯属是个人选择。尽管大多数人发现这些原则能让生活在很多方面发生积极的转变，但关键是铭记它们不是"十诫"[○]！如果你希望改善生活，可以选择实践这些原则，但不要将它们当成必须"服从"的规则！

　　我敢肯定你经常"忘记"从本书中学到的东西，你会经常陷入无益的想法，和感觉做无谓的搏斗，采取自我破坏的行动。但是，每当你意识到这一点，只要你愿意的话就可以自主选择。这同样是个人选择，不是必须如此。事实上，我相信你有时故意选择不用这些原则，这完全没有问题。关键在于提升觉察，更多地觉察你的选择和后果，尤其是当你面对下面讨论的这些"选择点"时。

　　○　"十诫"是《圣经》记载的上帝借由以色列先知和众部族首领摩西向以色列民族颁布的十条规定。犹太人奉之为生活的准则，也是最初的法律条文。作者在这里用"十诫"表示必须严格遵守的规则。——译者注

选择点：卡住，还是解脱

或许你在读到这里时，生活还是没有真正发生重大的改变，那你很可能是遇到了一个或多个 HARD 阻碍：

H：被钩住了

A：回避不适

R：远离价值

D：可疑目标

因此，如果你感到自己卡住了或是迟迟不能行动，就请花时间识别遇到的阻碍，使用第 23 章的各种"解药"。

选择点：服从、搏斗，还是脱钩

我们面对困难想法和感觉时的默认设置就是服从或搏斗。处于"服从模式"时，我们会把全部注意力都投入这些困难的想法和感觉，让它们主导我们的行动。处于"搏斗模式"时，我们会和这些困难的想法和感觉搏斗，或是从中逃离。尽管这两种反应模式并不总会造成问题，但它们的确经常将我们拖入偏离行动。

脱钩技巧提供了很多方法，帮助我们应对困难的想法和感觉。我们可以开放而好奇地留意困难的想法和感觉，看清它们的真实本质：它们只是脑海中的文字和图片，只是身体里的一些感受。我们可以不加评判地命名这些文字、图片和身体感受，允许它们自由来去。我们还可以承认自己的痛苦，善待自己，然后集中注意力或是反复集中注意力去做真正重要的事。

选择点：被卷走，还是抛锚

"抛锚"是本书中应用最广泛的脱钩技能。你可以随时随地进行练习，在任何活动中，无论你的情绪天气是愉快还是不愉快，是云淡风轻还是狂风骤雨，你都可以随缘就事、因事制宜地练习"抛锚"。"抛锚"可以用来脱钩、创造空间、唤醒自己，还可以用来集中注意力、投入正在做的事、重新掌控行动，以逐步调控情绪风暴。根据情况，你可以尝试 10秒、10 分钟或是中间时长的"抛锚"练习。因此，如果你之前跳过了练习，或浅尝辄止，或尝试后不喜欢，我希望你能回到第 5 章真正练习"抛锚"。

选择点：迎接挑战，还是退缩

每当你感到生活举步维艰，请记得 ACT 的"挑战公式"。无论你在生活中遇到什么麻烦，你都拥有选择的权利。你拥有三种选择：

（1）离开。

（2）留下，遵循个人价值生活，尽力改善处境，为痛苦创造空间并善待自己。

（3）留下，但是做一些没用的或是会让情况变糟的事。

有时，面对很有挑战的情况，离开是首选。但如果你不能或是不愿离开，第二个选择将会比第三个选择令你收获更大。

选择点：立刻成功，还是长期挫败

如果你喜欢"立刻成功"（谁不喜欢呢），那你肯定会选择价值导向的生活。在这种生活中，我们依然可以设定和追求目标，但实现目标既不是旅程的全部，也不是旅程的终点。相对而言，ACT 将成功定义为遵循价值去生活。鉴于我们总能小处着手，成功的喜悦就能俯拾即是。

选择点：愉快的感觉，还是有意义的生活

　　我们在第 1 章研究了有关幸福的两种不同含义：①一种短暂的快乐和满意的感觉；②一种丰富而有意义的生活，从中可以品味生而为人、苦乐参半的全部情绪。当我们停止追逐短暂的快乐和满足，开始建立丰富而有意义的生活，我们就逃离了"幸福的陷阱"。（如果反其道而行之，就会再次跌入"陷阱"。）

选择点：错失生活，还是充分利用

　　当我们被想法和感觉钩住，陷入"搏斗模式"或"服从模式"时，就会错失生活。我们学到的众多脱钩技巧，特别是"活在当下""集中注意"和"品味"，都有助于我们欣赏此时此刻的生活。这一点很重要，因为此刻是我们唯一拥有的。过去并不真实存在，它只是此刻头脑里的回忆；未来并不真实存在，它只是此刻头脑里的想法和画面。你唯一真正拥有的就是此刻，当下一刻。因此，请你充分利用当下，全然欣赏此刻。请你铭记：对于充分利用生活给予的人来说，生活也会充分地给予他们。

选择点：善待自己，还是自我批判

　　我之前说过，现在重申：你是一个普通人。因此，你就像我和所有人一样会把事情搞砸，我们都会犯错和偏离轨道。有时，你会忘记本书中的一切，被想法和感觉钩住并偏离价值，用一种完全违背理想自我的方式行动，终以受伤和痛苦收场。

　　每当这时，你能否体现自我关怀？你能否承认人生就是如此艰难，然后选择善待自己？你能否意识到自己的痛苦和所有人的痛苦是共通人性？我们当然要改善行为，但这个过程无须完美。我们所有人都会偏离轨道，

都会犯错，也都因此受苦。但是，苛待自己毫无帮助，只能令我们更加茫然。因此，你需要从"我不够好"的故事中脱钩，像对待一位深陷痛苦的友人那般善待自己：说些友善的话语，伸出友善之手，用行动表达善意。

终极选择

臭名昭著的奥斯维辛集中营是纳粹时期的死亡集中营，我们很难想象那里发生的一切：惨绝人寰的虐待折磨，堕落到极致的人性，疾病、暴力、饥饿和声名狼藉的毒气室夺走了无数人的鲜活生命。维克多·弗兰克尔（Viktor Frankl）是一位犹太精神病学家，他在奥斯维辛等多个集中营中度过了无法言说的恐怖岁月，最终幸存。他将集中营的各种恐怖细节写进《活出生命的意义》（ *Man's Search for Meaning* ），这是一部令人敬畏的伟大著作。

这本书揭示的最奇妙的一点完全出乎意料：集中营中坚持最久的囚犯，并不是身体最健康强壮的人，而是联结自身意义感和使命感的人。如果囚犯能够联结自身的价值，他们就清楚为何而活，就能找到生活的支点，而无论有多少痛苦在侧。相对来说，和自身价值失联的人们会迅速失去求生意志，因而更早丧生。

以弗兰克尔为例，他的一个核心价值是提供帮助。于是，他在集中营里一直都会帮助其他囚犯更好地应对痛苦。他满怀慈悲地倾听狱友们的苦楚，以温暖友善的话语鼓励他们，用心地照料病人和垂死者。他鼓励人们联结内心的深刻价值，从而找到一种使命感，获得活下去的力量。

《活出生命的意义》还有一个强有力的洞见：即便是生活在纳粹集中营，人们依然可以选择。弗兰克尔描述了纳粹士兵有时会选择善待犹太囚犯的场景。例如，他提到有一位纳粹士兵冒着巨大风险偷偷塞给他一小片面包。"当时，我的泪水滑落，并不仅为这一小片面包，而是因为这个人给予我的是唯有人类才能给予同伴的'礼物'——他在递给我这一小片面包时的话语和眼神。"与之形成鲜明对比的是，弗兰克尔也描述了用恐怖方式对付和虐待犹太同胞的犹太囚犯。这里的意思很清楚：即便身处最极端的环境，人们依然可以选择。

弗兰克尔写道："我们这些曾经生活在集中营里的人们，总会回忆起那些穿梭于棚屋安慰他人，给出手中最后一片面包的人。"他承认那样的人并不多，却足以证明："生而为人的一切皆可剥夺，唯独一种终极的自由无法被夺取——无论境遇如何，一个人始终可以选择自己的态度，选择自己的道路。"

每读至此，我都浑身起鸡皮疙瘩。"无论境遇如何，一个人始终可以选择自己的态度，选择自己的道路"，这是不是很令人鼓舞？

但是如何真正做到？我的意思是，如果生活进展顺利，我们所得皆所愿，也没有遭遇巨大的现实鸿沟，我们的身体健康，正在度假，天气晴好，了无牵挂——这时，我们选择自己的态度就很容易。但是，如果生活变得面目狰狞，我们将如何选择自己的态度？如果我们渴望的现实和发生的现实之间存在巨大的鸿沟，我们将如何选择自己的态度？我们能做的难道只有"积极思考"？只能看看耐克公司的海报"Just do it"？

想要在异常艰难的生活时刻选择自己的态度，首先就要"抛锚"。我们需要承认现实，承认自己正在面对和处理痛苦，并为所有痛苦的想法和感觉创造空间，同时善待自己。然后，我们需要联结自身的价值，选择面对当前情况的个人立场。换言之，我们需要活在当下、保持开放和为所当为！我们越是能这么做，就越自由——无论生活给我们设置了什么路障。

本书已近尾声，但这不是旅程的终点。你的生活依然在继续，一分钟接着一分钟，一小时接着一小时，一天接着一天。因此，请你充分利用你的生活。不妨每天询问自己：我是不是活在当下？我有没有保持开放？我能不能为所当为？

继续前行，继续生活，继续热爱。深深祝福你在今生这一场勇敢的冒险中一切顺利！

致　谢

　　我对 ACT 创始人 Steven Hayes 的感激难以言表，他为我、我的家人、我的来访者和全世界都奉献了一份很棒的礼物。我也很感谢更大范围内 ACT 社群发起的研讨会和提供成员自由分享建议、经验和信息的在线空间。我特别想感谢 Kelly Wilson 和 Kirk Strosahl，我经常汲取他们的见解，Jim Marchman、Joe Ciarrochi、Joe Parsons、sonja Batten、Julian McNally 和 Graham Taylor 等 ACT 社群伙伴也就《幸福的陷阱》第 1 版给予我很多反馈和建议。我特别想感谢我的哥哥 Genghis，他总是给我无穷的建议、力量和鼓励，特别是当我陷入想要放弃的黑暗时期。

　　关于《幸福的陷阱（原书第 2 版）》，我非常感谢我的太太 Natasha，谢谢她对我的爱、支持和鼓励。在写作过程中，她不仅给我提出了非常宝贵的反馈意见（包括如何改进这本书的很多有用建议），而且还在我感觉精力不足时递给我巧克力。我也要感谢所有阅读本书第 1 版并给予反馈的亲朋好友：Johnny Watson、Margaret Denman、Carmel Cammarano、Paul Dawson、Fred Wallace 和 Kath Koning。我特别感谢 Exisle 出版公司的热心人士，他们付出了大量努力促成本书的出版：Benny St John Thomas、

Penny Capp 和 Sandra Noakes 为第 1 版付出很多，Gareth Thomas 和 Anouska Jones 为第 1 版和第 2 版都付出很多，Karen Gee 出色地完成了第 2 版的编辑工作，Enni Tuomisalo 出色地完成了设计工作。最后，我非常感谢我的前经纪人 Sammie Justesen，感谢他促成我和 Exisle 团队的合作。

路斯·哈里斯
澳大利亚墨尔本
2021 年 7 月